光明社科文库
GUANGMING DAILY PRESS:
A SOCIAL SCIENCE SERIES

·法律与社会书系·

法律视野下的行政伦理研究

邓晔 | 著

光明日报出版社

图书在版编目（CIP）数据

法律视野下的行政伦理研究／邓晔著．--北京：光明日报出版社，2022.1
ISBN 978-7-5194-6452-3

Ⅰ.①法… Ⅱ.①邓… Ⅲ.①行政学—伦理学—研究 Ⅳ.①B82-051

中国版本图书馆 CIP 数据核字（2022）第 019188 号

法律视野下的行政伦理研究
FALÜ SHIYE XIADE XINGZHENG LUNLI YANJIU

著　者：邓　晔

责任编辑：王　娟　　　　　　　　　责任校对：张彩霞
封面设计：中联华文　　　　　　　　责任印制：曹　净

出版发行：光明日报出版社
地　　址：北京市西城区永安路 106 号，100050
电　　话：010-63169890（咨询），010-63131930（邮购）
传　　真：010-63131930
网　　址：http://book.gmw.cn
E - mail：gmrbcbs@gmw.cn
法律顾问：北京市兰台律师事务所龚柳方律师

印　　刷：三河市华东印刷有限公司
装　　订：三河市华东印刷有限公司

本书如有破损、缺页、装订错误，请与本社联系调换，电话：010-63131930

开　　本：170mm×240mm
字　　数：170 千字　　　　　　　　印　张：16
版　　次：2022 年 1 月第 1 版　　　 印　次：2022 年 1 月第 1 次印刷
书　　号：ISBN 978-7-5194-6452-3
定　　价：95.00 元

版权所有　　翻印必究

自　序

行政伦理法治化是笔者当年于北大就读博士时开始研究的一个课题。笔者虽求教过学界名流，但终因思虑不全而按下暂停键，这一停便是12年，意味着一个轮回。但这并不意味着终止，恰好让笔者从诸多现象中反观行政伦理法治化的正当性与合法性，反思研究该课题的理论意义与现实意义。越如此思考，笔者越觉得行政伦理法治化不仅是实现中国梦的重要力量，还是实现全面依法治国的重大内核。

笔者今日重拾该课题进行研究，本书中的大多数内容写于12年前，如今又增添了新的内容。从国外的行政伦理法律内容来看，其核心是规范官员的职业廉洁性，引导官员为职业操守注意其言行。对于行政伦理法治化，我国古人也有深刻的认识。"政者，正也。子帅以正，孰敢不正？""其身正，不令而行。"这些观点表明，官员的职业廉洁是从政的本质，只有做到了廉洁，才能够作表率、引领良好社会风气。行政伦理法治化，是将官员的官德以法律的形式体现出来，从而弥补现有法治的不足，有利于全面依法治国的实现。

习近平总书记多次讲到法治与德治并重的意义，指出要既讲法治又讲德治，重视发挥道德教化作用，把法律和道德的力量、法治和德治的功能紧密结合起来，把自律和他律紧密结合起来，引导全社会积极培育和践行社会主义核心价值观，树立良好道德风尚。① 这里的德治，从某种意义上来说是将德的治理法治化，不能像封建道德文化，缺乏现代法治精神，而要将其融入法治，让符合社会主义核心价值观的德治文化兴起。美国政府为了打造清廉政府，在20世纪60年代就出台了《政府道德法》，将政府公职人员的职务行为纳入道德治理的范畴，有力地促进了政府的廉洁，提高了政府行为的公信力，为打造透明政府提供了保障。随着形势的变化，美国的《政府道德法》也进行相应的修改和完善。1989年4月，总统廉政委员会在对原《政府道德法》进行进一步的补充、完善后，正式向国会提出一项新的《政府道德法案》，该法案长达97页，为美国历史上提出的最严格的政府道德法案。我国在新时代也为推动公职人员建立了大量的法律法规，全方位扎紧制度的笼子，形成"不敢腐、不能腐、不愿腐"的制度压力。因此，当下强调行政伦理法治化恰逢其时，必将为推动全面依法治国提供更为广泛的制度支撑。

本书研究内容主要涉及行政伦理法治化的渊源、可行性、现状及实现路径等，对认识行政伦理法治化有一定的裨益，尤其是对研究本方面的学者、研究生或爱好者来说，至少省却了查找资料的麻烦。因时间跨度太大，俗事繁多，研究时可能会出现断点，内容有

---

① 新华社.习近平李克强栗战书赵乐际分别参加全国人大会议一些代表团审议[N].人民日报，2018-03-11（01）.

<<< 自　序

些庞杂，甚至可能见诸他处。但从法律方面系统性地进行研究本课题，其价值不可忽视；笔者原本起草了中国公职人员行政伦理法（草案），想随本书一并附上，但因考虑不够成熟暂且搁置，待时机合适再推出。本书如有不当之处，敬请各位同仁批评指正。

　　是为序。

邓晔

壬寅年农历正月初一

于"无为陋室"

目 录
CONTENTS

第一章 导 论 ·· 1
　第一节　研究背景及意义 ··· 1
　第二节　研究现状及关键问题 ·· 4
　第三节　研究方法及创新之处 ·· 8

第二章 行政伦理与行政法概念界定 ································ 17
　第一节　行政伦理内涵与外延 ·· 17
　第二节　行政法一般定义 ··· 28
　第三节　行政伦理与行政法的关系 ································· 36

第三章 行政伦理法制化渊源 ··· 46
　第一节　行政伦理法制化的思想文化渊源 ······················· 46
　第二节　行政伦理法制化的理论渊源 ······························ 63

第四章　行政伦理法制化的必要性和可行性分析 …… 72
第一节　行政伦理法制化的必要性分析 …………… 72
第二节　行政伦理法制化的可能性分析 …………… 78
第三节　行政伦理法制化——从外部控制到内部控制 …… 82

第五章　行政伦理法制化探索现状 ………………… 91
第一节　国家公务人员的伦理和制度困境 ………… 91
第二节　行政伦理法制失范——行政权异化或行政违法 …… 102

第六章　我国行政伦理法制化实现路径 …………… 115
第一节　行政伦理的立法 …………………………… 116
第二节　行政伦理的执法 …………………………… 143
第三节　行政伦理的监督 …………………………… 156

结　语 …………………………………………………… 180

参考文献 ………………………………………………… 183

附　录 …………………………………………………… 200

后　记 …………………………………………………… 241

第一章 导 论

第一节 研究背景及意义

一、研究背景

在西方国家,学者们在探讨用法律手段来抑制腐败的同时,也在积极探讨从提高官员内在道德素质的方面来寻找一个抑制腐败的有效突破口。自美国《政府行为伦理法》以后,重视行政伦理法制建设已渐渐成为世界潮流。行政伦理入法是使依靠道德自律约束的行政伦理行为获得外在强制力保障的必然,制定专门行政伦理法典是行政伦理制度化过程的必经阶段。

在我国,党的十八大以来,在新一届党中央的高度重视下,反腐败斗争的高压态势已基本形成。习近平总书记关于"把权力关进制度的笼子里"的重要论断,预示着我国将加快法治建设的步伐,从过去高层领导人主导下的"运动式"反腐转向法制主导下的制度反腐阶段，以恢复与重建党和政府的公信力。党的十八大强调要加快行政体制改革，应该用制度建设带动体制改革，用机制创新带动体制改革，实现人的能力和素质的提高，使得服务型政府、效能政府、廉洁政府真正成为政府行政制度与公务人员能力的有机结合，使制度能力与人的能力同时提高。为此，当前及今后深化行政体制改革必须弘扬人本行政、阳光行政和责任行政等系列行政伦理理念，必须为逐步实现程序正义、机会均等和规则透明创造优质法治环境。在国家公务员廉洁高效方面，一是要继续完善以公务员法为核心的行政组织法制体系，完善激励约束机制；二是要进一步推进党政干部绩效考核制度改革，最终建立人民满意的服务型法治政府。

2016年12月9日下午，中共中央政治局第37次集体学习时强调，坚持依法治国和以德治国相结合，推进国家治理体系和治理能力现代化。习近平指出，中国特色社会主义法治道路的鲜明特点，就是坚持依法治国和以德治国相结合，强调法治和德治两手抓、两手都要硬。这既是历史经验的总结，也是对治国理政规律的深刻把握。

习近平指出，要运用法治手段解决道德领域突出问题。法律是道德的底线，也是道德的保障。要加强相关立法工作，明确对失德行为的惩戒措施。对突出的诚信缺失问题，既要抓紧建立覆盖全社会的征信系统，又要完善守法诚信褒奖机制和违法失信惩戒机制，使人不敢失信、不能失信。对见利忘义、制假售假的违法行为，要加大执法力度，让败德违法者受到惩治，付出代价。

要把道德要求贯彻到法治建设中。以法治承载道德理念，道德才有可靠的制度支撑。要坚持严格执法，弘扬真善美、打击假恶丑。

由上可见，以德治国是与依法治国并行的手段，两者处于同等重要的位置，甚至以德治国是依法治国的支撑。以德治国不是空洞的口号，它包含了一些具体内容，如要讲诚信、不见利忘义、树立官德、童叟无欺、不制假售假等，以德治国就是要对违反上述德治要求的行为进行惩戒和治理；以德治国绝不能只停留在口号上，或认为德治是一种内心规范的要求，而是要将其具体化并做出相应的处理措施，让德治长长牙齿，对违反德治的人咬几口，才会让违反德治的人心有余悸，才会震慑蠢蠢欲动的违德之徒。

二、研究意义

休谟指出，道德问题，科学是无能为力的，科学只能回答"是什么"的问题，而不能告诉我们"应该怎样"的问题。行政伦理是从制度规范层面来回答政府及其公职人员的道德问题，在价值取向上引导行政主体在履行公职行为时"应该怎样"才是符合行政伦理的规范。因此，研究行政伦理法治化或者说从法律的视野中来观察行政伦理具有重大的理论和现实意义。

我国现行的行政伦理法律规范存在明显缺憾，行政伦理立法面临着根本的利益、观念与体制困境。当代中国行政伦理法制建设已成为中国行政法治的一个重要组成部分，对其开展研究要从宏观层面思考三个大的问题：一是"古今问题"，即历史纵向展开的文化背景。传统文化因其延续性、丰厚性、民族性特征而成为当代中国行政伦理法制化的内源性支援背景。二是"中西问题",即现实横向铺陈的外部环境。当代中国行政伦理文化正处于世界一体化、全球化与传统儒家文化交融的历史进程之中,正视这种外源性支援背景带来的机遇与挑战是我们理性立法选择的现实逻辑。三是"当下与未来问题",即历史纵向与现实横向交叉点的时空境遇。在传统、现代与后现代三重叠加之境遇下,要实现中国社会几千年"德治"的"古老理想"、兼顾西方社会"法治化"的"现代手段",以及"直面后现代"即当代中国行政伦理法制建设面临的三大背景。

第二节 研究现状及关键问题

一、研究现状

行政伦理研究不同于19世纪中期以来思想史的那种远离实践的或批判实践的做法,它是直接根据社会治理及其公共行政实践的需求而进行理论探索的。

从国外的情况来看,美国、日本、新加坡、澳大利亚、加拿大、韩国等发达国家都自20世纪中叶以来纷纷制定了伦理法,只是称呼不一而已。如美国的《政府行为伦理法》、加拿大的《公务员利益冲突与离职后行为法》、韩国的《公职人员道德法》、菲律宾的《公共官员与雇员品行和道德标准法》、日本的《公共事业道德法》、墨西哥的《公务员职责法》等，可见国外对于公务员的从政道德建设非常重视，他们通过立法的方式来推动公务员伦理观念的提升，这种方式可以说是世界的一个趋势。而儒家伦理基础深厚的中国，在西学渐进的过程中却将自己的儒家伦理在西方法律的视野中进行批判并将之抛弃，这或许也是当前中国在市场经济中伦理部分丧失的一个重要原因。但是世界有关伦理立法的潮流不可抵挡，各种情况表明，我国有关伦理立法的时代越来越近，学界对此不应视而不见，研究伦理立法应该得到重视。

在我国，行政伦理原理及法制化研究始于20世纪90年代中后期，主要涉及领域：（1）中外行政伦理资源的评介；（2）行政伦理学学科体系的探讨；（3）行政伦理专题问题解析，主要包括行政伦理价值观、行政责任与行政伦理责任、行政伦理的作用、行政伦理规范四个方面；（4）当代中国行政伦理法制建设研究，分析行政伦理失范的现象及根源、提出行政伦理法制化的实践路径等。

行政伦理研究主要有以下特点：（1）研究者众，文章较多，但从法学的角度进行研究者少。通过中国期刊网搜索发现，对行政伦理进行研究的文章有3705篇（截至2021年7月3日），但是绝大多数是行政管理专业、政治学、伦理学、MPA或马克思主义理论与思想政治教育方面文章的学者和研究人员的文章。法学专业研究行政伦理方面的主要是以硕士论文形式开展研究，比如：《公务员行政伦理责任法治化研究》和《论警察行政裁量权的法律控制与伦理控制》。（2）研究方法上大多使用比较研究法、历史考察法和语义分析法。其中比较研究法的研究者研究方式雷同现象突出，即均把美国、日本、韩国等的伦理立法作为参照或作为专章进行研究，且引注来源基本上都是国家行政学院教授王伟的研究成果（尤其是有关美国伦理法方面）；历史考察法的研究者则粗线条式地对中国传统的儒家思想进行考察，指出我国具有传统的伦理底蕴。(3) 研究角度多样。从所引用的资料来看，有从和谐社会角度进行研究，有从公务员角度进行研究，也有从社会转型角度进行研究；有从执法角度进行研究，也有从行政主体人格进行研究，等等，不一而足，但基本上都不是从法学专业角度来研究行政伦理问题的。

综上所述，本文的选题和研究，在国内行政法学界具有开创性。研究"行政伦理法制化"问题，首先，必须澄清：我国现有立法中是否已经有行政伦理法制失范的现象？如果有，哪怕是零散的，哪怕是没有所谓的行政伦理法，也得把这个零散的法制化及失范现象梳理出来，并分析其现状及功效。2006年起施行的《公务员法》第十一条和第十二条要求公务员，应"具有良好的品行"，以及"遵守纪律，恪守职业道德，模范遵守社会公德；清正廉洁，公道正派"。而根据该法第三十三条规定，对于公务员的考核，将全面考核其德、能、勤、绩、廉，即要求对公务员的道德水平进行考核。第五十四条规定，公务员执行明显违法的决定和命令，要承担法律责任，这就把"公道正派"更具体化了。

其次，只有在充分关注现实法律实践的基础上，才能有的放矢地探讨"伦理与法律"之间的关系这一更具一般意义的命题。为此，需要对研究"伦理与法律"的文献进行梳理，归纳出研究的主要路径、方法和范式有哪些，以及这些路径、方法和范式之间有什么不同。因而，关键问题在于：（1）应该把哪些伦理上升为法律？（2）上升为法律的伦理规则和没有上升为法律的伦理规则，在实施过程中的效力有何不同？（3）伦理规则上升为法律后，是否真的会达到未法制化的行政伦理所没有的功效？如果这些问题不解决，强调行政伦理法制化，可能仅仅具有"宣示"效果。

二、研究的关键问题

本书的写作重点就是进行理论论证并提出行政伦理立法的核心制度内容，并研究其效力及实施效果。主要内容包括：

（一）行政伦理法制失范导致的行政权异化或行政违法现象。目前行政执政或者执法中，大量存在行政伦理失范现象，这些既有宏观政治和行政体制因素，也有国家工作人员的伦理道德素质因素，我们要从法学视角去分析其存在的根源及导致的法律后果。

（二）我国行政伦理法的立法体系及核心制度。这首先必须分析目前我国现存的行政伦理法律规范及其功效，然后尝试构建一个统一的行政伦理法体系，并可以与行政组织法、行政程序法、行政救济法等其他行政法规体系形成良性互补。

（三）行政伦理法律规范的效力及实施。行政伦理规范更应依靠行政主体的自主和自律来实施，且对于行政伦理责任的追究也一般通过行政内部责任追究机制来实施，除非严重损害公共利益或者导致行政相对人重大财产损失，应排除法院的司法审查。

第三节　研究方法及创新之处

当前法学界对于伦理法制化存在很大的误解，普遍认为伦理是不能进行立法的，在他们心中伦理与道德是等同的，主要是靠舆论、习俗、良心等约束，而法律只涉及外部行为，不涉及行为人的内心观念，所以要把伦理道德法律化在法学界是不可接受的，或许这是到目前为止法学界较少涉足此领域的原因之一。本项研究主要采用比较研究法、实证分析法、历史考察法、案例分析法等研究方法，具有以下意义：

一、理论价值

（一）拓宽了行政法研究领域

我国传统的行政法研究集中在政府与个人关系的构建，注重对行政权力的制约以及对行政行为的规范，如行政处罚与行政强制等，同时也强调在行政活动中个人权利的救济。政府的行政自由裁量权需要制度约束，这也是在长期的行政活动中达成的共识。但是纯粹依靠强制性的法律制度和道德自律能否达到控制行政自由裁量权的效果呢？无数惨痛的经验教训告诉我们的事实是：传统行政法律过于强调其刚性的一面，不能满足人民大众随着社会的不断变化而产生的多元化的要求，而完全依靠道德伦理自律因其柔性及随意性特点，又会导致行政自由裁量权的行使过度增长，这就需要行政伦理制度化来弥补这一需求。因而，对行政伦理法治化的研究拓宽了研究领域，从行政伦理的制度建设构架行政法律体系，创新行政法制度，推进国家治理现代化。

(二) 打破传统行政法以"规范"为取向的研究思路

行政法作为法治社会中的规则体系，一直在社会生活中发挥这样或那样的作用，行政主体与行政相对人在社会生活中的方方面面几乎都是通过行政法来设定关系，确定其行为模式的。我国传统行政法强调行政法的管理性、强制性和行政本位，但新的历史条件下社会的矛盾、管理理念、管理方式等与以往相比都发生了很大的变化，行政法也应该体现出新的变化，具体而言，第一，政府是完善社会秩序的主体，也是社会管理活动的主导者，它需要站在社会治理的高度来研究社会中出现的各种问题。第二，因为人民大众多元化追求的要求，政府已经转变职能，由管控者的身份变成了"设计者"或"裁判者"。第三，习近平总书记在中央全面依法治国工作会议上明确提出，全面依法治国"必须坚持为了人民、依靠人民"，将以"人民为中心"作为推进全面依法治国的重要要求。因而人民性是社会主义法治的本质属性，行政法的发展要体现公共服务的精神，树立"为人民服务"理念，需系统研究和解决整个法治领域中人民群众反映强烈的问题，而这恰恰是本书着重研究和拟解决的关键性的问题。

（三）论证了行政伦理法治化的可行性、必要性、紧迫性

传统的行政理论强调政府的价值中立，而在现代社会，价值中立的特点难以适应社会现实的变化，难以应对各种复杂的社会问题，难以应对公众多元的需求，再加上公务员在行政行为过程中的伦理困惑，政府开始将眼光转向公共领域，朝向如何引导行政个体主动展开自我规范的道路，以及如何规范和行使行政自由裁量权。本书从三个方面对行政伦理法治化的必要性进行了论证：一是公共管理价值定位的变迁；二是公众多元化的需求；三是公务员的伦理自主性困惑。

行政伦理法治化是社会实践发展的必然结果，这也是从道德和法律的本质推出来的结论。道德法律化需要解决两个问题：第一，道德法律化的学理基础问题；第二，道德法律化的限度问题。行政伦理的法治化也就有其发展的可能性。

（四）拟定出我国行政伦理法草案

经过梳理和论证，本文试着进行了行政伦理法的立法尝试：首先是从立法目的，确定为这四点：一是防腐；二是提供公务人员行为指南；三是提供惩罚作奸犯科者的法律架构；四是保持公众对政府的信心。其次确定该法规制的主要内容，主要集中在国家公务员的财产申报及公开、礼品的申报、国家公务员退职后的就业等方面。第三，梳理出我国已有的行政伦理法规应加以完善的地方：1.《中国共产党党员领导干部廉洁从政若干准则》中做出一些例外情况的

规定，并对部分内容进行完善。2. 财产申报制度。建议应对一定职别以上的领导干部实行财产申报，并将申报分为任职前、任职时和离职申报三种。第四，梳理出现实情况要求增加的内容：1. 弄虚作假，如假文凭，假政绩。2. 领导干部的生活作风。

（五）提出我国行政伦理法的基本原则，使行政管理研究与行政法学研究实现对接

行政伦理建设具有公共性、政治性等特性。本文从行政职能、行政主体、行政客体、行政目标等方面论证了行政的伦理性质，其涵盖了行政道德规范、行政伦理制度和行政价值理想三个维度的内容。行政管理关系研究的是行政主体在行使行政职权时与行政相对人的关系，也是现代行政法研究的主要内容。因此行政伦理关系与行政管理关系之间有相同的论域，它们也存在互相融合的趋势。

行政伦理法的基本原则与行政法的基本原则应是一体化的。现代行政管理具有公共性，要求行政人员在履行职责时充分思考到行政自由裁量权。行政伦理法的原则应该包含哪些基本原则？"法律平等"原则、"为人民服务"原则还是行政法治原则？经过综合行政诉讼及实际中控制行政自由裁量的需要，确立行政法治原则，包括其两项基础性操作原则——合法性原则与合理性原则。

二、现实价值

（一）有利于完善社会主义法治国家建设

本书论证了行政伦理法治化，这是全面依法治国中建立更加完

备的法律规范体系的重要体现。全面依法治国和法治中国建设是一项复杂的系统性工程,涉及法律制定、法律实施、法治文化培育等多个层面内容。包括建立更加完备的法律规范体系、高效运行的法治实施体系、强有力的法治监督和保障体系。

(二)本书论证了行政主体确立为人民服务的思想现实必要性

习近平法治思想的核心是为民初心价值立场,"人民就是江山,江山就是人民",坚持为人民服务的宗旨,才能保证人民广泛参与国家事务治理过程,才能保证国家治理的规范和有序。人民是全面依法治国的主体和力量源泉。而本书论证了现代行政管理关系最重大的转变即是行政机关及其公职人员确立为人民服务的基本理念,同时这也是伦理法规范能得到有效运行的基本原则。

(三)本书论证了行政自由裁量权平衡与规范问题

"人民对美好生活的向往,就是我们的奋斗目标。""人民是历史的创造者,群众是真正的英雄。""每个人的工作时间是有限的,但全心全意为人民服务是无限的。"这是习近平总书记的讲话,人民性是习近平法治思想的鲜亮底色。在科技、政治、经济等全面发展的现代社会,人民大众的需求是多元化的,在民主、公平、正义、法治、安全、环境方面都有全新的追求。国家机关及其公职人员作为行政管理关系的主体,应与时俱进,及时、准确地理解并应对这种需求,及时调整自己的行为,既要有规范的约束,又要有一定的灵活性。也就是说不仅要有行政自由裁量权,又要对行政自由裁量权进行一定的约束。社会公平正义是法治价值追求，那么行政伦理法治化也将追求社会公平正义作为行政主体实施行政行为的终极目标，最终达到平衡。

（四）弘扬了传统社会道德

研究行政伦理法治化的问题，其实质是伦理、道德、法律三者之间关系如何平衡的问题，本书通过描述三者之间的关系，明确行政伦理建设即是社会道德建设。本书描述了行政伦理与行政道德之间的逻辑关系的两种观点：一是行政伦理与行政道德既统一又有区别。二是行政伦理是一种包含着行政道德，同时又高于行政道德的社会现象。不管是哪种观点，都可以看出行政伦理与行政道德之间都有着不可忽视的重要联系，至少包含这几层意思：行政伦理包含了行政道德规范、行政伦理制度和行政价值理想，行政道德规范从属于行政伦理；伦理是关于人性、人伦关系及结构等的概括，是道德升华为人性、人伦的体现；伦理是法与道德的统一；伦理是道德活动现象、道德规范现象和道德意识现象的统一。

本书强调了社会道德建设一个突出的特点，即传统文化教育的回归。中国传统文化中具有丰富的道德资源：儒家的仁爱思想一直在中华传统文化中占据统领地位，其中爱护生命、助人为乐、契约意识等思想也是现代伦理建设的重点；社会公正、关爱他人、厚德载物、重义轻利等美德，体现了我国传统文化中强调个人的人格完善和道德自律的特点；传统文化中家国同构、修身齐家治国平天下的内容也是中国家庭教育的内在要义。爱家爱国，与历史同向，与祖国同行。2019年《新时期公民道德建设实施纲要》（简称《纲要》）强调要加强公民道德建设、提高全社会道德水平。"要把社会公德、职业道德、家庭道德、个人品德建设作为着力点。"与以往不同的是，《纲要》强调了"个人品德建设"，鼓励人们在日常生活中养成良好的品行，这也正是新时期伦理道德建设的重要方面。

本书论证了道德与法律的关系，也是弘扬传统道德的前提和基础。道德与法律都能产生一定约束力，都能形成规范功能，但是它们发挥作用的机制不同，一种强调自律，一种强调他律，以道德滋养法治精神，而法治强调良法善治，因而道德自律很重要，自律和他律应该相互结合，共同作用。现代道德在传统道德的基础上拥有了新的内涵，这也为立法提供了伦理基础，为法律的正当性提供了评判标准。同时，道德能够通过对价值认同，引导行政个体自觉认同。

（五）提高依法行政的社会效果、法治效果

行政伦理法治化有利于提高依法行政的社会效果。本书论证了行政伦理法治化有利于转变政府职能，建设服务型政府。中国行政体制是对人民负责的体制，人民性即是评判依法行政社会效果的重要标准。在短短的40年时间里，中国快速成长为世界第二大经济体，行政体制扮演了推动中国发展的重要角色。建设人民满意的服务型政府则是政府工作的主要目标，具体表现是：对人民负责、为人民服务、受人民监督，创新行政方式，提高行政效能。

行政伦理法治化即是依照法律与道德的一体化特征共同治理国

家，也是行政法治化。法治是人类文明进步的重要体现，是经过人类社会实践证明的，是立法、执法、司法、守法等实践活动的动力。习近平总书记提出了全面依法治国思想，"坚持依法治国、依法执政、依法行政共同推进，坚持法治国家、法治政府、法治社会一体建设"。全面依法治国，涉及政治、经济、社会、文化、生态文明建设各个领域。本书论证了行政伦理融入行政法治体系的必要性，这是行政体制的理论创新，也是实践的必然结果。可以将政府职能转变、政治组织结构优化、行政管理体制健全等方面形成的成果固定，这即是法治化效果的重要体现。

（六）缓和社会矛盾、建设法治政府

行政伦理法治化有利于缓和社会矛盾。本书论证了人民群众多元化的需求对政府工作职能转变的影响。党的十九大报告指出，中国特色社会主义进入新时代，我国社会主要矛盾已经转化为人民日益增长的美好生活需要和不平衡不充分的发展之间的矛盾。人民的生活发生了显著的变化，不仅对物质文化生活有更高的需求，而且在民主、法治、公平、正义、安全、环境等方面的需要也在不断增长，因而对政府职能的要求也发生了变化，政府不能再是单纯的控制型，还得充分考虑人民群众的需要，有充分的自由裁量，当然还需要适当的约束，应在两者之间找到一个平衡点，这也正是行政伦理法治化的要求。行政伦理法治化有利于建设法治政府。

法治政府不仅体现在实体合法、程序合法，还体现在最低限度的程序公正。法治政府表现在两个方面，一方面，政府依法全面履行政府职能。一是各级领导干部和公职人员应当自觉遵法守法、善用法律，使各级行政活动能够在法治轨道上运行。二是培养公民法治意识、公开参与政府活动的意识。另一方面，政府重视民众的智慧，重视与民众的"合作治理"，在政府的各级行政活动如行政决策、行政立法中，强化公众参与，同时也对公民行使权利的边界进行补白。建设法治政府的前提条件是政府职能科学，发挥市场的作用，发挥社会力量的作用，在社会管理、宏观调控、公共服务、市场监管、环境保护中起到主导作用，而在这些方面行政伦理法治化都可以起到一定的作用。

第二章 行政伦理与行政法概念界定

第一节 行政伦理内涵与外延

一、行政伦理内涵的界定

"行政"的概念，是行政法学理论研究的起点和开端。"行政"的词源古已有之，通常指执掌政务。我国古代典籍《史记》中有"召公、周公二相行政，号曰'共和'"的记载。古希腊学者亚里士多德亦曾使用过"行政"这一术语，在其《政治学》一书中，提出将国家权力分为讨论权、行政权和司法权三种权力。现代汉语中"行政"一词泛指各种管理工作，专指行政主体即政府行政机关依据法定职能行使国家权力，对国家和社会事务进行组织与管理的活动。

至于"伦理"，通常指事物的条理、道理，主要是指一个社会关系。中国早在《尚书》《诗经》《易经》等著作中就已分别出现"伦""理"二字。"伦"有群、类、辈分、顺序等含义,"伦谓人群相待相倚之生活关系也","伦"的含义可以被引申为不同辈分、不同层次人们之间的关系。"理"则是一个综合概念,通常指事物的条理、道理和治理等意义。"伦理"二字最早合用于《礼记·乐记》,书中写道:"乐者,通伦理者也。"但这里的伦理并非现在平常使用的伦理学概念,而更多的是指称义、理、伦、伦常、纲常、仁义、天理之类的东西。中国古代思想中的自然观、认识论、伦理观通常是融为一体的。要更为深刻地理解"伦理"的内涵,厘清它与"道德"的关系是十分必要的,此关系的厘清在本节"行政伦理外延的界定"中有详述。

(一) 关于行政伦理概念的几个观点

在当前环境下,如何界定行政伦理,理论界主要观点有:

1. 政府职业道德论

行政伦理就是政府职业道德,持这种观点的人是把行政理解为一项职业,即它就应该具有职业规范和职业道德。"所谓行政伦理,就是行政领域中的伦理,准确地说就是公共行政领域中的伦理,也可以说是政府过程中的伦理。这个概括表明,行政伦理没有只是属于自己的独特领域,它渗透在行政、公共行政与政府过程的方方面面,体现在诸如行政体制、行政领导、行政决策、行政监督、行政效率、行政素质等方面,以及行政改革之中。这当然不是说行政伦理没有自己的独立体系。相反,经过数千年行政历史的陶冶和现实社会行政实践的千锤百炼，行政伦理已具有丰富的内涵、鲜明的特色和独特的功能。"① 目前持这种观点的人较为普遍。

2. 文化合成体论

行政伦理是社会政治规范的形态之一，是意识形态主流的基本价值观念以及基本道德原则表现在行政领域的形态。也可以表述为在特定的文化系统内，行政伦理是由多种因素整合而成，也是行政文化与伦理文化的共同体。

3. "责、权、利"统一论

认为行政伦理是"责、权、利"的统一，协调好个人、组织与社会之间的关系，是其核心的行政行为准则，它把行政伦理与公共责任联系起来，形成一套完整的规范系统。

4. 行政主体论

持这种观点的学者一般把调整行政主体道德规范的总和理解为行政伦理的主要内容。同时，对于哪些是行政主体，即对行政主体的范围理解不一又形成了两种观点。一种观点认为行政伦理是关于行政机关及其公务员的道德理念、道德操守以及道德准则等。这里的行政主体主要是指行政机关群体和公务员个体。所谓行政伦理，简言之是行政活动主体及行为的伦理，是关于政府及各行政组织和个人在公共行政活动中的行为道德规范、行政伦理制度、价值观念模式等的总概括。其基本内容和基本行为规范是行政道德规范，主干环节是行政伦理制度，核心价值导向是价值理想观念。所以，行政伦理的完整概念至少应包含三大部分，是行政道德规范、行政伦

---

① 王伟. 行政伦理界说 [J]. 北京行政学院学报，1999 (04)：5.

理制度和行政价值导向的有机结合，并构成一个由基础道德规范到管理伦理制度保障到理想价值导向的系统。在相当长的时期内，人们用行政"伦理道德"来统称或合称其意义，其实不然，这是对其内部结构和定位的不理解。其实，行政伦理本身是一个"包含有道德，而又不仅仅只有道德，而是还包含着制度化存在的伦理和价值观念等内容的具有一定结构的复杂系统"①。另一种观点认为行政伦理是行政活动主体的所有德性伦理，这里的行政主体所包含的范围就更广泛了，不仅包括行政机关和公务员等行为主体，还包括与其一起参与行政活动的"行政相对人"。因此社会各阶层、阶级、各社会团体组织的行政相对人在参与以及配合的所有行政活动应当具有的伦理的要求，就是行政伦理的主要内容，而在这一过程中所形成的行政制度、体制、结构、程序等行政构件也应当是行政伦理的主要内容。因而行政伦理是行政机关和公务员以及配合行为的行政相对人在行政活动中的德性伦理，是行政活动中形成的行政制度、体制、结构、程序等行政构件的总和。

5. 多维度界定论

主要指从多个维度阐释行政伦理，即从主体性、层次性、政治性、现实性、职业性、体系性六个维度对行政伦理的含义做出阐释。（1）主体性。与前述"行政主体论"的观点基本相同，主要是从主体性角度分析，前已详细讲述，此处不再表述；（2）层次性。从不同的层次进行分析，分析其内涵。一般认为行政伦理包含两个层次，

---

① 赵健全. 行政伦理的内涵、构成和性质新探 [J]. 南平师专学报，2004（01）：16-19.

即社会主义道德与共产主义道德；（3）政治性。从本质上看，行政伦理也是政治伦理，可以从政治角度分析；（4）现实性。基于现状来分析，"廉洁奉公、勤政为民"是党的十四大明确提出的关于行政伦理的基本内容；（5）职业性。行政人员其职业核心要求是全心全意为人民服务，所以行政伦理也可以从这一角度进行分析；（6）体系性。行政伦理应当形成一定的理论体系，可以从行政理想、行政态度、行政技能、行政义务、行政良心、行政纪律、行政作风、行政荣誉八个方面界定其主要范畴。

（二）行政伦理的性质①

公共行政建设很重要的一个方面是解决社会公众共同的公正体系和社会价值取向问题，而公共行政建设问题又是行政伦理建设的重要问题，同时，政府组织及制度安排的特殊性也决定了行政伦理的性质。因而，一般认为，行政伦理建设具有公共性、政治性等特性。可以从行政职能、行政主体、行政客体、行政目标等方面来具体表述，从而把握行政的伦理性质。

1. 行政职能方面。一般认为，计划、组织、指挥、协调和控制是政府的主要行政职能，是为完成既定目标和既定任务，政府需进行的有组织的活动。从某个角度上来说，政府的行政职能是政治统治职能、意识形态（伦理）职能和社会管理职能三者的统一，同时也将依法治国与以德治国相统一。因此，行政职能可以实现法治与

---

① 赵健全. 行政伦理的内涵、构成和性质新探 [J]. 南平师专学报, 2004（1）: 16-19.

德治的统一，实现一定的伦理价值目标。

2. 行政主体方面。行政行为的实施得由相关主体来完成，因而，行政行为可以是行政组织与行政个体（指代表组织完成行政职能的个体，如官员和职员）的行为，但行政主体的行为并不只是单纯技术性活动，还包含了主体的有意识的实现其价值观的活动。价值目标实现的过程，既代表了依法管理社会事务的法治的实现，又代表了社会公正即一定价值目标的伦理活动的德治的实现。因而，行政主体的行为及活动具有鲜明的伦理性质。

3. 行政客体方面。行政主体行为及活动的对象是社会和大众，即社会个体、宪法中的人民，他们是有意识、有思想的人，他们要完成基本的生活，要接受良好的教育，要就业，要参政议政，要参与民主管理，他们要适应这个社会，除了自己的个性发展外，更多是需要接受社会的规则和管理。从某个意义上说，行政官员和公职人员是"公仆"，其工作的真正意义在于为人民服务，让自己服务大众，实现社会大众即人民群众的价值目标和理想。可想而知，行政行为和活动，可以通过社会管理的职能实现社会公正、公民平等等价值，可以通过法治实现德治，可以通过德治实现法治，因而如何为社会和公众服务与实现行政伦理价值是共通的。

4. 行政目标方面。实现社会大众即人民群体的总体目标和利益，通过管理社会来调整社会秩序，以实现伦理与道德目标，这应是政府的职责。前面已明确表述，行政行为和活动目标的确定受到政治、法律的制约，受伦理与道德的制约，同时也受社会中占统治地位的阶级以及政党的政治、经济、文化目标的制约。行政行为和活动的目标与社会大众总体利益及道德与伦理的目标应是一致的。否则行政行为因不能实现社会的伦理与道德目标，就会使其管理活动因为失去伦理道德的支撑，而失去民心、民意。社会大众往往以政府的道德与伦理来判别自己的伦理主张及自己的政治理想，如果政府的行为缺失伦理与道德，则有可能导致社会大众人人自危，不敢说、不敢做、不想做、不愿做，整个社会秩序的大厦也将可能倾覆，历史上很多经验教训已经表明了这点。因而通过对伦理与道德的认同达到德治的目标才是其最终的目标，也是行政行为和活动的意义所在，法治是这一过程中的手段和方式。

总之，行政伦理是社会中在政治上、经济上占统治地位的阶级、政党的道德与伦理、价值理念及其目标，其涵盖了行政道德规范、行政伦理制度和行政价值理想三个维度的内容，是社会大众的道德利益、伦理的具体化表现，是内化在行政行为或行政体制中的，是思想、文化和意识的主导内容，其本质是在行政行为和活动中道德与伦理价值的实现，是行政主体及行政人员的道德完善。

二、行政伦理外延的界定

（一）行政伦理与道德

一般来说，许多著名的思想家和学者，也都认为伦理与道德常常通用，即伦理学就是道德哲学，关于道德的科学就是伦理学，"伦理道德"有时变成了同一个概念。

观点一：行政伦理与行政道德既相统一，又相区别。行政伦理包含了行政道德规范、行政伦理制度和行政价值理想，是具有一定结构的复杂系统行政伦理。行政道德规范则是从属于行政伦理的，是其中的基础部分及重要内容，从行政职业角度来说，它与行政职业角色关系密切，可以理解为职业道德的一种特殊存在。其主要特点为：一，规范性，其总是依附于具体行政岗位上以及具体的职业活动上；二，实践性，这一行为规范与专业性的职业相关，与行政实践活动相连，是具体的、可操作的行为规范。①

观点二：伦理是一种包含着道德，同时又高于道德的社会现象。伦理是伦理学中的一级概念，而道德是伦理概念下的二级概念，因而二者有着不同的概念范畴，其区别主要表现为：一，伦理是道德发展的高级阶段。道德侧重于反映道德活动或者道德活动主体自身行为的一般表面，而伦理是关于人性、人伦关系及结构等的概括，所以伦理首先表现为一般道德，是道德升华为人性、人伦的体现。黑格尔在《法哲学原理》中对这点也做了深刻的辩证分析。二，伦理是法与道德的统一。道德与法的关系逻辑我们很清楚，从历史发展的角度来描述，法是统治阶级道德意志的体现。而伦理规范则具有法的特征与道德特征，两者相互统一，也可以表述为他律与自律的统一，客观与主观、外在与内在的统一。三，伦理是道德活动现象、道德规范现象和道德意识现象的统一。②

必须强调的是，由于长期以来人们总是习惯性地把道德与伦理放在一起来讨论，使得两个概念之间的界限并不是那么分明，因而

---

① 赵健全. 行政伦理的内涵、构成和性质新探 [J]. 南平师专学报，2004（1）：16-19.
② 王伟. 行政伦理界说 [J]. 北京行政学院学报，1999（4）：5.

在我国通用的道德的概念内涵比黑格尔界定的道德范畴更为深广，包括了伦理的一些内涵。由此，在关于法、道德、伦理三者的关系论述上，我们不仅要注意它们之间的区别，还要关注到它们之间所形成的相互补充和相互作用的关系，既充分肯定其间内在的联系，又需要认真研究二者之间的区别。

(二) 行政伦理与法律

秩序是法治社会的终极追求，但是其在现实社会的表现形态多样，有时表现为价值观，有时表现为规范活动，同时，秩序、价值和规范也是道德的表现形态，因而我们在审视行政伦理时，应当从总体上、多个角度、系统性地把握。①

第一，法律应与道德评判和伦理价值的导向一致。法律是道德规范上升为国家意志的体现，选择法律作为社会控制的主要手段，不仅是因为它具有国家强制力，更重要的原因是国家统治阶层希望通过这种具有普遍约束力的规则体系传递被社会公众普遍接受的核心价值观，并能通过不间断、持续的表达、推行、传递，使其内化为社会公众的内在价值原则及价值要求。因而法律并非是纯粹的工具，并不只是机械地适用规则，而是兼具价值传递的目的性与工具性的统一体。法律规范是动态的，它可以发展成为生活中社会大众普遍遵守的道德与伦理规范，同时法律秩序也可能因此建成。

第二，法与道德二元并立且相互补充。前已表述，法与道德在价值、规范和程序层面上具有高度统一性，甚至表现出一定程度的

---

① 王伟. 行政伦理界说 [J]. 北京行政学院学报, 1999 (4): 5.

同化。近代以来，国家与市民社会分离，国家意志体现的法与社会大众普遍遵守的道德才开始分离、独立，才有现在的法与道德并立的局面，但是作为二元社会结构中人与人之间的行为准则，法与道德相互并立并能互为补充，才能共同构建社会有效秩序。

第三，法治立国是良好的制度伦理环境形成的根本。一直以来，法律、道德（伦理）和宗教是人类社会主要的控制工具。随着宗教控制力量的减弱，社会控制的主要支柱才慢慢变成了法律与道德（伦理）。在改革开放时代，我们要构建和谐社会，既要高举依法治国的旗帜，也要高举以德治国的旗帜。伦理危机并不仅仅是市场化改革本身所造成的，而是因为，法治原则不仅强调行政管理权能的强制性，同时也强调行政权力运行的合理性。行政法治意味着任何行政约束都不能与行政法律规范相冲突，任何行政权力的获得都应当在法律规范下，行政主体以及行政执法人员都应该遵循"法律至上"的原则，任何时候都不能有超越法律的特权。所谓"合理性"，即内含着法治和伦理的双重考量。利益分化、社会快速发展是我们这个社会的特点，这种局面下，建成既要"善"和"德"，又须具备合法性的法律制度变得非常困难。这需要创造良好的制度伦理环境，制度伦理环境决定人们道德人格的养成，而制度伦理环境的形成就在于法律制度的伦理化和伦理的法制化，从而达到规范人民的行为及维护良好社会秩序的目的。

行政的伦理划分为两个层面，即制度伦理与个体伦理。制度伦理是指从整体的制度本身来进行价值评价或道德价值追求，个体伦理则是从个体的自觉、自知来进行价值评价或道德价值追求，个体伦理包含规范伦理与心性伦理两方面内容。制度伦理与个体伦理是行政伦理化的两个维度，其可以将行政主体活动中本体与价值、外在与内在、客观与主观统一起来。制度伦理与个体伦理相互作用，互为前提。

法律制度伦理化可以对制度伦理环境的形成提供所谓的伦理关怀，通过制度的合理安排使各种复杂的社会利益关系得到正当解决。行政立法必须接受伦理道德的审视，行政执法必然有伦理道德标准，行政处罚的本质功能不在于处或罚，而在于教育、引导、规范。道德是依靠内心确信即自律来完成约束的，但是人的道德自律并非天生的，而是通过不断的教化、社会化的过程慢慢形成的。道德社会化的过程中，需要对个体的自我本性进行约束、节制，而人的欲求总是在不断地升级，如果不能有一个强制的力量对其进行控制和调节，则有可能导致本性的无限膨胀，这一强制力量则是他律的力量。因而人需要自律和他律共同作用完成道德社会化的过程，这时制度伦理化的作用就体现出来了，主要表现为：一方面，将社会大众普遍认可的伦理原则和道德要求上升到制度设计及至法律规范的要求高度，通过强制力量保证社会大众共同遵守道德规范。另一方面，将各种政治的、文化的、经济的制度、法律、法规或者政策等都内含着合理的道德要求和价值导向，然后通过赋予社会大众对道德规范及价值的评判和选择权达到目的。

第二节 行政法一般定义

一、中外行政法的定义

行政法的定义是多种多样的,几乎每一本行政法教科书都要为行政法下一个定义。尽管许许多多的定义采用的都是不同的方法,从不同角度,但也只是对行政法的内容进行了高度的概括和深刻的描述,无论这些定义如何概括、如何深刻,它们对行政法的表述都不可能是全面的、完善的和精确的。因为定义只能是一个抽象的界定,不可能涉及事物的全部内容。而且某一个定义经常只是某一学者从某一角度进行研究而得出的结论,很少能对事物做多视角的、多层面的考查。然而,作为研究行政法及由其引出的概念,又不能不给行政法下一个定义。

司法部法学教材编辑部组织编写的第一部行政法教材《行政法概要》分别从形式、内容和地位三个方面界定行政法。从形式上讲,"行政法,是一切行政管理法规的名称。国家有关行政管理方面的法规种类繁多,具体名称不一,但就其内容来说,凡属于国家行政管理范畴的,在部门法的分类上统称为行政法"。"行政法是规定国家行政机关的组织、职责权限、活动原则、管理制度和工作程序的,用以调整各种国家行政机关之间,国家行政机关同其他国家机关之间,以及国家行政机关与企业事业单位、社会团体和公民之间行政

<<< 第二章 行政伦理与行政法概念界定

法律关系的各种法律规范的总和。"这是从内容上的描述,而从法的地位上讲,"行政法是一个独立的法律部门,是国家法律体系中的重要组成部分"。①

之后,司法部法学教材编辑部编审的第二部行政法教材《行政法学》对上述界定做了某些修正,其中较重要的一项修正是否定将行政法在形式上归为"行政管理法规",即认为行政法主要不是行政管理法,而是调整行政关系、规范行政管理的法。该教材对行政法的界定是:"行政法是国家重要部门法之一,它是调整行政关系的法律规范的总称,或者说是调整国家行政机关在行使其职权过程中发生的各种社会关系的法律规范的总称。这个定义说明行政法是国家一类法律规范的总称;说明这类法律规范调整的对象是行政关系,而不是别的社会关系。所谓调整行政关系,从本质上说,就是规定行政关系各方当事人之间的权利义务关系。"②

美国行政法学者伯纳德·施瓦茨曾给行政法这样下定义:"行政法是调整政府行政活动的部门法。它规定行政机关可以行使的权力,确定行使这些权力的原则,对受到行政行为损害的人给予法律救济。"从这个定义看,行政法包含三部分:一是行政机关权力范围;二是行使权力的条件构成;三是如何救济不法行政行为。"行政法更多的是关于程序和救济的法,而不是实体法。由各个不同行政机关制定的实体法不属于行政法的对象,只有当它可以用来阐明程序法和救济法时才是例外。我们所说的行政法是规制行政机关的法,而

---

① 王珉灿.行政法概要 [M].北京:法律出版社,1983:1.
② 罗豪才.行政法学 [M].北京:中国政法大学出版社,1989:3.

不是由行政机关制定的法。"① 可以看出，相比于法国等大陆法系国家，美国行政法概念的外延更为狭窄些。其中一个原因可能是，大陆法系国家与英美法系国家对于公法与私法区分不同，一个区分严格，而一个并没有严格区别。在美国，同一个法院系统可以受理公私这两种法律案件。而大陆法系的实践中，公法案件与私法案件是由两类不同的法院系统受理的。德国行政法学者哈尔穆特·毛雷尔认为，"行政法是指以特有的方式调整行政——行政行为、行政程序和行政组织——的（成文或不成文）法律规范的总称，是为行政所特有的法。但是，这并不意味着行政法只是行政组织及其活动的标准。更准确地说，行政法是，并且正是调整行政与公民之间的关系，确立公民权利和义务的规范，只是其范围限于行政上的关系而已"，它是从行政法表现形式及其调整对象界定行政法。毛雷尔认为行政法有一般行政法与特别行政法、外部行政法与内部行政法之分，"一般行政法是指原则上适用于所有行政法领域的规则、原则、概念和法律制度，应当涵盖行政法领域的普遍的、典型的横向问题"，"特别行政法是指调整特定行政领域的法律，如建设法、道路法、职业法、经济法、社会法、教育法、高等教育法等"；"外部行政法调整进行行政管理活动的国家为一方与公民或法人为另一方的法律关系"，内部行政法调整"被视为法人的行政主体内部，行政机关与公务员之间，行政机关、公务员分别与所属行政主体之间的关系"。

　　日本现代行政法学者盐野宏认为日本行政法的权威的和有代表性的定义是美浓部达吉的定义和田中二郎的定义。美浓部达吉认为，

---

① B. Sch warts. Administrative Law [M]. Boston：Little Brown，1976：1-2.

"行政法，如果要用一句话给予其定义的话，可以说是关于行政的国内公法。成为这一观念的要素有三：其一是关于行政的法；其二是国内法；其三是公法"。这是明治宪法下行政法的典型定义。田中二郎的定义则是《日本国宪法》下行政法的典型定义。田中二郎认为，行政法"是指有关行政的组织、作用及其统治的国内立法"。关于行政法关系中适用公私法的不同情形，日本学界有不完全相同的观点。日本另一现代行政法学者南博方认为，"由于法律关系的一方当事人是行政权的担当者（行政主体），支配行政法关系的法理、法原则与适用于私人间的私法（民商法）总是有所区别的。行政法领域中，有些地方需完全排除私法，有些地方则私法不能完全适用，但可以修改适用"。他指出，有人认为，行政法不过是私法的特别法，只要没有明文规定，便应该适用私法。但是，问题在于日本的私法并不具有英美普通法那样的一般法地位，必须注意严格区分公法与私法。当行政主体成为法律关系的一方当事人时，基于目的的公共性，即使是私营经济活动，私法也不能完全适用，而需修改适用。①

上述国内外学者关于行政法的定义，分别从行政法的目的、性质、内容、形式和行政法在整个法体系中的地位对行政法予以了界定。因为不同历史时期、不同国度，行政法的目的、性质、内容、形式并不完全相同，故各个学者关于行政法的定义亦不一样。

二、行政法是调整行政关系的法

行政法的内容是由行政法的调整对象决定的。行政法的调整对

---

① ［日］南博方. 日本行政法［M］. 杨建顺，等译. 北京：中国人民大学出版社，1988：5-6.

象是行政关系。行政关系主要包括四类：第一类是行政管理关系；第二类是行政法制监督关系；第三类是行政救济关系；第四类是内部行政关系。

(一) 行政管理关系

行政管理关系是指在履行行政职权的过程中行政主体与行政相对人之间发生的各种关系。行政主体主要是指行政机关，法律、法规授权的组织以及社会公权力组织，他们能够以自己的名义，行使国家行政职权或者赋予其的公权力，可以对外承担行政法律责任，可以在行政诉讼中当作被告，可以做出行政行为影响公民、法人和其他组织权利及义务。而行政相对人是指行政主体在实施行政行为时影响到具体的权利及义务的公民、法人和其他组织（包括在中国境内的外国人、无国籍人）。

(二) 行政法制监督关系

在我国，依法行使法制监督权的国家机关主要有国家权力机关、国家司法机关、行政监察机关等，他们按照法定程序和方式，对拥有公权力、可以行使行政职权的主体及其实施的行政行为进行监督，这些主体也叫行政法制监督主体。行政主体和行政机关委托行使特定行政职权的其他行政执法组织、国家公务员和不具有国家公务员身份的其他行政执法人员（依法授权或行政机关委托行使特定职权的人员），这四类主体是行政法制监督的对象，也是行政法制监督关系的另一方当事人。

（三）行政救济关系

行政救济关系是行政救济主体与行政相对人之间发生的各种关系形成的过程，可以表述为：行政相对人认为其权益受到行政行为的侵犯，接着向行政救济主体申请救济，然后行政救济主体对其申请予以审查，最后做出是否向行政相对人提供或不予提供救济的决定。行政救济主体主要包括受理申诉、控告、检举的信访机关，受理行政复议的行政复议机关和受理行政诉讼的人民法院这几类。他们在法律授权范围内受理行政相对人的申诉、控告、检举，受理行政复议、行政诉讼。

（四）内部行政关系

行政主体内部发生的各种关系主要有，各平行行政主体之间的关系，上下级关系的行政主体之间的关系，行政机关与内部各部、司、局、处等之间的关系、各派出机构之间的关系，行政机关与行政个体国家公务员之间的关系，行政机关与法律法规授权组织之间的关系，行政机关与受其委托的各组织之间的关系，等等。

国家行政系统的主要功能是依其职能进行管理活动，因而在上述行政关系中，最基本的行政关系便是行政管理关系，提供救济及接受监管则是由行政管理关系引起的。协调行政系统内部的关系是为保证有效的外部管理秩序的实现。而在实施行政管理的过程中，出于各种原因，产生违法、侵权现象也是一种正常反应，为减少和克服违法、侵权，保证管理的正确、有效，就必须建立法制监督和救济制度。很显然，从整体上理解行政关系的架构，基础的关系是行政主体与行政相对人之间所形成的行政管理关系，由行政管理关系派生出行政救济关系与行政监督关系，内部行政关系是行政管理关系中一方当事人——行政主体内部的关系，是随着行政管理关系产生而产生的，它们是一种从属关系。

三、行政法是控制与规范行政权的法

行政法实质是规范和控制行政权的法。美国行政法学者盖尔霍恩·博耶提出："行政法是控制和限制政府机关权力（主要是通过程序）的法律制约器。"英国行政法权威教授韦德也认为："行政法是控制政府权力的法。""政府机关权力""政府权力"均是指行政权。从现代意义上讲，"行政权"是指法律赋予国家行政机关执行国家法律、法规、政策以及管理国家内部行政及外交事务的权力。

行政权从权力内容上看，包括国防权、治安权、外交权、社会文化管理权、经济管理权等；从权利行使方面考查，包括行政立法权（主要指行政法规、规章等）、行政命令权（发布命令、禁令，制定计划、规划等）、行政监督权（行政检查、调查、审查、统计等）、行政强制权（限制人身自由、查封、扣押、冻结财产等）、行政处罚权（拘留、罚款、没收、吊扣证照等）、行政指导权（提出建议、劝告、警示、发布信息资料）等。

人们共同生活，结成社会，就得由公权力进行约束管理，人们建立国家，享有政治生活，更得由公权力进行约束管理，行政权是公权力的重要组成部分，也是社会秩序的保障。这是人们的常识所

了解的。那么，为什么要对行政权加以约束和管理呢？主要原因是：一，从行政权的实施功能来看：一方面，它可以通过组织、协调、指导等方式，提供良好的秩序，使人们在有序的环境中生产、生活，从而促进社会经济的发展；但另一方面，行政权就其本身的性质而言，其也很有可能被滥用，严重威胁到人们的生命、自由、财产，以至于阻碍甚至破坏社会经济的发展。二，从行政权的实施特性来看：行政权的实施行为与行政个体关系密切。我们知道的一个事实是，一个人从出生开始其父母即要去行政机关为之进行出生登记，到死亡后其家人要去行政机关为之注销户口，这个过程都需要与行政机关打交道。也就是说行政相对方的个体公民、组织与行政机关之间有着经常、广泛、直接的联系，这些活动都会与国家公权力有一定程度的牵涉。总之，要把公权力放进制度的笼子里，几千年惨痛的经验教训已经反复证明了这点。

四、行政法是难于制定统一法典的法

行政法的法律规范既广泛又散乱，在形式上无法像民法和刑法一样制定出统一的法典，主要有三个原因：（一）从调整对象上看，行政关系调整对象多种多样，过于广泛，而且各种不同的行政关系其所涉内容差别较大，想将其规范统一、加以调整很难；（二）从行政关系本质上看，行政关系位阶不同，部分行政关系不太稳定、易变动，不适宜规范成统一法典，应由法律位阶较低的法规和规章调整；（三）从形成条件上看，行政法部门单独成为一个独立的法律部门较晚，行政关系最一般的基本原则规范未完全

形成，有些已形成的基本原则又尚不完全成熟，因而不具备编纂成统一法典的条件。

当然，行政法虽然没有统一的法典，但并不是说行政法就没有法典。在行政法的许多领域，无论是外国还是我国，都已经形成了不少局部性的法典，例如行政程序法、行政组织法、行政处罚法、行政强制法、行政许可法、行政诉讼法、行政复议法、公务员法、行政赔偿法，等等。

在我国，行政法还处在不太发达的阶段，不仅没有统一的行政法典，也没有统一的行政程序法典，就是在许多具体领域（如行政征收、行政给付、行政强制、行政裁判等领域）也缺乏局部性的法典或有关单行法律。因此，行政法的立法任务仍是很艰巨的。有的学者提出了以两条腿走路的方式加快我国行政法的立法：一方面抓紧制定各具体领域的单行法，另一方面同时开始研究和草拟统一的行政程序法典（即《中华人民共和国行政程序法》），以此建立我国完善的行政法体系架构。

第三节　行政伦理与行政法的关系

进行理论构造是各法学流派创立的主要方式，而不同的理论构造也是各法学流派各自独立的主要原因。目前，"管理论"、"控权论"和"平衡论"是中国行政法学界的主要流派。持"管理论"观点的、在中国行政法学界很有影响的学者认为行政法是"关于国家

<<< 第二章 行政伦理与行政法概念界定

行政机关进行行政管理活动的各种法律规范的总和"[1];持"控权论"的学者认为,"行政法最本质的特征就是对行政权的控制"[2];而"平衡论"的学者则认为,"现代行政法实质是平衡法"[3]。此外,"政府法治论"、"公共利益本位论"、"服务论"和"公共权力论"等流派的理论也有着一定的影响[4]。可见,由于种种因素的影响,关于行政法构造理论的争议很多,所以在学界的探讨也一直存在。不可否认的是,不管哪一种理论,都有其合理之处。在20世纪70年代中期,行政伦理学首先在西方发达国家兴起,它以公共行政领域及行政管理中涉及的伦理问题为研究对象。随着世界范围内不断兴起并高涨的新公共行政运动,与行政法有密切联系的边缘学科行政伦理学的研究逐渐从边缘走向主流,同时推动了公共行政学科及其理论发展[5]。由此,行政法学研究领域也积极回应了这一趋势,

---

[1] 侯洵直. 中国行政法 [M]. 郑州:河南人民出版社, 1987:3.
[2] 王连昌. 行政法学 [M]. 北京:中国政法大学出版社, 1994:38.
[3] 罗豪才,袁曙宏,李文栋. 现代行政法的理论基础:论行政机关与相对一方的权利义务平衡 [J]. 中国法学, 1993 (1):53.
[4] 有关论著参见杨海坤. 政府法治论是我国行政法学的理论基础 [J]. 北京社会科学, 1989 (1);叶必丰. 行政法的理论基础问题 [J]. 法学评论, 1997 (5);陈泉生. 论现代行政法学的理论基础——服务论 [J]. 法制与社会发展, 1995 (5);武步云. 行政法的理论基础——公共权力论 [J]. 法律科学, 1994 (3).
[5] 张康之. 在公共行政的演进中看行政伦理研究的实践意义 [J]. 湘潭大学学报, 2005 (5);参见刘文. 依法行政与行政道德法制化 [J]. 行政与法, 1999 (1);祝建兵. 试论行政伦理法制化建设 [J]. 皖西学院学报, 2002 (6);沈海燕. 我国行政伦理立法内容浅议 [J]. 沙洋师范高等专科学校学报, 2004 (3);陈奇彪. 论行政道德的法制化行政与法 [J]. 2004 (3);丁祖豪. 略论行政道德法律化建设的若干问题 [J]. 聊城大学学报(社会科学版), 2004 (4);张继峰. 行政道德建设:行政法治建设之基石 [J]. 社会科学研究, 2005 (1);曾峻,邱国兵. 行政伦理建设的法治化路径初探 [J]. 上海行政学院学报, 2005 (6).

37

做出了相应的研究。① 这些相应的研究大多是从某个角度入手，希望能从小处着眼以窥全貌，遗憾的是，大多没有从行政伦理与行政法之间的关系全面、系统地考察，所以结论片面、单一也就在所难免。

行政、伦理和法律之间是一种什么样的关系呢？行政与伦理衍生了行政伦理，行政和法律交叉融合则衍生了行政法，而行政又是行政伦理与行政法共同的基础。由于行政、伦理、法律三者之间存在亲缘关系，使得行政伦理与行政法之间关系密切，同时也使得它们之间存在某些共性。

一、行政伦理与现代行政法存在着共同的论域

行政关系是行政主体与行政相对人之间发生的各种关系。这种关系如果从道德层面讲就构成了行政伦理关系，如果从法律层面讲就形成了行政法律关系，因而行政关系是行政伦理与行政法的共同论域。权力的行使和利益的分配问题是行政伦理研究的基本问题。作为公共行政主体，如国家机构和公务员，探讨如何更好地利用其拥有的公共权力，探讨如何更好地调节社会中各种利益关系，则是他们日常重要的议题。而现代行政法则更加关注行政机关与行政相对人（包括公民和集体）之间形成的互动关系，也可以理解为行政主体与行政相对人在法律关系中形成的权利义务关系。可见，行政伦理与现代行政法可以理解为是同一行政关系的不同表现形式，因而在行政伦理与现代行政法之间存在着许多共同论域，这为从行政

---

① 王伟，鄯爱红. 行政伦理学 [M]. 北京：人民出版社，2005：39；沈岿. 平衡论：一种行政发认知模式 [M]. 北京：北京大学出版社，1999，2.

<<< 第二章 行政伦理与行政法概念界定

伦理视角来探讨行政法的研究提供了很好的角度和切入点。

二、行政伦理与现代行政法有共同的外部特征

行政伦理与现代行政法是两种不同性质的规范，他们在制定程序、表现形式、内容、实施方式和保障等方面都存在一定程度的差别，但就外部特征而言，行政伦理与行政法在规范领域有很多相似性，表现在以下几个方面：

首先，行政伦理与行政法都带有较强的政治性。"与其他部门法相比，行政法与主权、政党、政策等政治现象的联系是紧密而不可分的……行政法可以被看作是有政治意义的法。"[①] 说明行政法是具有政治性的，而行政伦理的政治性则表现在其对国家行政个体（主要是行政主体中的国家公务人员或其他个体）的特定道德要求，从本质上说行政伦理本来就应归属于政治哲学范畴，是处理政府组织与公共行政客体、非政府组织与公共行政客体之间的道德准则。

其次，行政伦理与行政法都带有强制性的要求。行政法"原则上不因当事人的不同意思表示而排除法的适用……在此意义上，可以说行政法具有强行法规的性质"。[②] 法与其他规范不同的地方就在于其本来就具有强制性的特点，而行政法的强制性特点更为明显。公共权力在其产生之始就具有侵略性、腐蚀性和扩张性，因此如何对权力进行约束？通过习惯、舆论、信念等进行监督当然是必不可少的，但是同时借助暴力等强制性力量进行约束也是必不可缺的，

[①] 崔卓兰. 行政法学 [M]. 长春：吉林大学出版社，1998：14. 参见王伟，鄯爱红. 行政伦理学 [M]. 北京：人民出版社，2005：88.

[②] 王文科. 公共行政的伦理精神 [M]. 哈尔滨：黑龙江人民出版社，2005：23.

这样行政伦理就可以通过规范行为约束行政权力的行使，从而切实维护公共利益。

第三，行政伦理与行政法都偏重程序性要求。行政法主要表现形式是行政程序法，依法行政也主要是从程序正义的角度来规范的，通过行政程序的要求，行政主体在实施具体行政行为时，可以避免不正当的、不合理的行为：避免滥用职权、懒政、怠政；避免独断专行；避免行政侵权行为，侵害公民的合法权益。同样，在行政伦理领域也是一样的。行政伦理通过道德规范的制度化，要求实施行政行为的整个过程都必须始终严格遵循程序的要求，而同时程序特有的功能则为保障规范的权威性及有效实施提供了条件。

总之，我们认为，从行政伦理的整个外部表现形态上，其已初步具备了行政法的部分外部特征，其间的界线其实已经不那么明显了。

三、行政伦理与行政法有相互融合的趋势

是法律伦理化还是伦理法律化，通常是进行伦理与法律关系研究的两个视角，因而探讨行政伦理与行政法之间的关系，是否相互融合，我们的研究也遵循这样的逻辑。在19世纪末20世纪初，产生了"公法私法化"的运动，一般这一运动被视为行政法伦理化的开端，自此，私法中很多元素逐步渗透公法领域，其中就包括了伦理道德。"近世以来，伦理开始改变单一的旁观者、外在评价者的形象，不时也介入到法律规则之中，充当一定的角色。"[1] 在行政活动

---

[1] 屈振辉. 现代行政法与行政伦理的共性研究[J]. 新疆财经学院学报，2006(06)：43-46.

中，其目标的设定、行政行为的手段和方式、行政组织内部关系的调整及行政主体与行政相对人的个体活动都具有一定的伦理性，而调整由这类行政活动中产生的行政关系又必须运用法律手段，"无法律即无行政"的政治格言即是西方国家所长期信奉的金科玉律。所以，毋庸置疑，调整行政关系的法律当然必须具有伦理性。当然，事实上，行政法在产生之初与其他法律的产生一样，其强制性的特点是非常明显的，仅只是维护剥削阶级利益、镇压人民反抗的工具，在那个阶段很难说有道德的成分。后来，资产阶级奉行"自由、平等、博爱"的思想，在这一思想的影响下，行政法开始关注公民自由、权利等，这时也有了如何限制行政权力行使，如何对行政权力进行监督控制的理念，这标志着在行政法中已经有了道德的元素。随之，出现了后现代公共行政理念，整个公共行政领域当然也包括行政法在内发生了很大的转变，从"以官为本"转变到"以民为本"，"强调公共行政必须回应公民个性化的公共需求"[①]，从而使得人文主义精神得以实现。"现代集体主义的人文精神，在（行政）法中集中体现为合作精神并旨在建立主体之间的合作伙伴关系，"[②]也可以说，现代行政法集中反映了"利益一致、服务与合作、信任和沟通"的人文精神。

道德与法律之间如何产生、如何转化的源流关系，在行政伦理与行政法之间体现得更为明显。行政法伦理化还是行政伦理的法律化不需要过多分述，它们总是相伴而生、相伴而行。

---

① 娄成武，顾爱华. 行政回应的哲学解读 [J]. 中国行政管理，2006（9）：97-10.
② 叶必丰. 行政法的人文精神 [M]. 武汉：湖北人民出版社，1999：24.

行政伦理的兴起解决了公共行政管理领域出现的亟待解答又无明确法律规定的前沿问题。在公共行政管理领域，因行政法律的局限性及滞后性，有许多现实的问题都没有办法通过法律规范来达到，而行政伦理恰巧弥补了这一缺漏，同时行政法的局限性又为行政伦理的产生提供了发展空间；反过来说，行政伦理因其道德属性缺乏强制力的支撑，只能通过行政立法并且不断完善立法准则加以弥补，从而实现行政伦理的法律化。综观世界上许多发达国家，大多都通过行政立法的方式实现行政伦理的法律化，通过法律的强制性来实现行政伦理的内化，因而行政伦理的法制化是行政伦理建设的重要途径之一。

行政伦理已经成为行政法的重要组成部分。法从广义上说是指国家制定或认可的，并由国家强制力保证实施的行为规范体系。从这个意义上讲，法包含两部分内容，一部分是民间法，一部分是国家法。而存在于民间的行政习惯上升到法的高度就成了行政习惯法，是国家认可的部分，这部分习惯法也应是非成文行政法的渊源。行政伦理法在某种意义上指的就是调整行政关系内部及行政主体与行政相对人外部行政行为的准则，其中部分则是由行政习惯法转化而来。行政习惯中的判例、案例、先例等不足以调整行政管理关系时，则会由道德准则、正义标准等作为重要的补充，直接或间接地对行政管理关系起到管理作用，而这些都可以成为行政习惯法的组成部分。从这点而言，行政伦理是行政法的重要补充，甚至可以将这种补充看成行政法进行改革的先导。

行政法中体现出越来越多的伦理规范意味。随着时代的发展，人们对法律的理解也发生了很大的变化，国家与公民之间的关系也开始由管制、对立走向合作、共生。现代行政法也契合这一潮流，行政主体与行政相对人之间管与被管的对立关系逐步走向缓和，将合作、协商、合意等带有民主道德意味的理念穿插于行政法体系中，如行政指导、行政合同都体现出了浓厚的道德色彩。可见，行政法伦理化与行政伦理法律化的融合是大势所趋。

四、行政伦理与行政法有共同的价值理念

论域、特性及发展趋势等外在表现形态是行政伦理与行政法的共性，不管是外在轮廓还是内在精神，都是保持共生状态的，也就是说它们不仅貌合而且神合。虽然从价值理念上讲行政伦理与行政法都有些不同，但是其中至少有一些是共同的，比如说公平、民主与法治。

先说公平。公平成为行政伦理与行政法的价值追求，不仅存在于行政法的各个层面，还成为贯穿在整个行政法的精神主线。行政行为实现公平与正义是政府存在的根本性要求，因而行政公平就成为行政活动的基本价值诉求。行政公平是价值平衡理念的体现，首先表现为政府时应当平等地对待一切社会团体和社会成员；其次表现为政府在制定公共政策时应当综合考虑各方主体利益；再次还体现在行政人员实施行政行为时要做到兼顾与平衡。政府是人民的政府，为人民服务的理念也表明他们不是某些人或某些利益集团的政府。现代行政法所强调的行政公平，在实体上，体现在"依法办事，不偏私；平等对待，不歧视；合理考虑，不专断"；在程序上，不能既做裁判又做运动员，不单方接触，不在未充分听证的情况下做出决策，等等。这些要求实质上是具体化的行政公平理念。

再说民主。民主是行政法与行政伦理的精神实质。在行政活动中，社会成员能共同参与，公民能够自我管理，则是一种政治清明的体现，这点说明了政府已通过各种方式鼓励民众的参与和自治，并通过这种方式让公众形成了其行政民主印象。在行政民主的现状下，民众能看到的是，行政人员处处以公共利益为出发点，能够时时做到平等对待，公众有热情参与各项事务，不公平、不民主的事务有监督，事事都遵行一定的程序，以及行政公开化透明。20世纪下半叶，在世界范围内出现的新一波民主潮流，对各领域都产生了深远的影响，行政管理和行政法制都增加了越来越多的民主因素，公民能否广泛地参与行政逐步成为制度价值追求以及新民主的判断标准，显现出了行政法制民主化的状态。体现在各制度上主要有：行政主体制度，行政主体的范围不仅是行使行政职权的各部门，还扩散到了被授权组织、受委托组织以及特邀监察员；行政行为制度，如行政契约、行政指导等；行政程序制度，听证、告知、证据、公民参与等；监督与救济制度，如民众评议、代表评议、行政申诉、行政诉讼、行政复议、国家赔偿等。这些制度无一例外呈现出行政民主的价值理念，不仅可以防止行政人员腐化和惰化，还可以对行政起到激励、纠错、凝聚、监督等作用。

最后说法治。法治是行政法与行政伦理的最高理想。法治问题一直是法学与伦理学共同探讨的论题，自亚里士多德时代就开始了。在法学研究中法治还属于形而上的问题，无论采取何种方式，都难以避免关于伦理的解读与构建，因而将其置于更深层次的视域中进行考察才是最好的办法。在行政领域中，我们常常谈到诸如应依法建立行政组织机构、应合法合理遵循行政程序的要求、应依法行使行政权力、应依法实施行政行为、应依法履行行政职责，总之即是依法行政。法治问题在行政领域就体现为依法行政，可以分为两个层次来探讨：道德层次和法律层次。具体说来，一是道德层次的依法行政法律化，也就是将依法行政的基本要求、原则和规范形成制度、规则，形成约束行政行为的强制准则，即形成法律层次的依法行政。二是法律层次的依法行政内化为道德层次的依法行政，通过外在规则强制，使相关的要求变成内在道德自律，这也是依法行政的提升，是行政法强制力内化性的体现。在道德和法律的双重保障下，依法行政即成为现实。

综上所述，法律与道德因其天然的血脉联系，关于此问题的探讨一直是一个历久弥新的话题，它总是伴随着理论的发展而不断地发展，也将会因其共性的存在不断地丰富其内容。同时也因共同价值理念的存在，内在的精神实质一致性也是行政伦理与行政法能够融合的一个重要方面。笔者认为本书的主要价值并非仅是对二者进行比较研究，而是希望借此找到一个新的出口，让光照进来，让更多的学者能发现些许可供借鉴之处。

第三章 行政伦理法制化渊源

第一节 行政伦理法制化的思想文化渊源

一、中西行政伦理文化

(一) 传统文化深厚影响

在西方,行政伦理作为一门系统的学科到 20 世纪 70 年代才诞生,在中国,行政伦理思想却有着悠久的历史。中国传统文化源远流长,是当代中国行政伦理建设的文化根基,能为当代中国行政伦理建设提供珍贵的历史资源,它提供了当代中国行政伦理建设的内源性支持。我们做出这种论断的主要原因:一是中国传统文化有着深厚内涵,二是中国传统文化源远流长,有着几千年的文化底蕴,三是中国传统文化凝聚了不同的民族风格。因而,对于这样深厚的文化传统，我们根本就不可能忽视它，也就更不可能不予理睬，在中国进行的行政伦理建设，不管是理论还是实践两个层面都必须充分关注到中国传统文化的资源与能量，并予以研究。

对中国传统社会特点，梁漱溟先生有过精辟的总结："政治之根本法则与伦理道德相结合，二者一致而不分，而伦理学与政治学终之为同一学问——这是世界所知之唯一国家。"[1] 换句话说，他认为中国传统社会伦理色彩浓厚，是孕育着丰富多彩的行政伦理思想的典范之作。"天下为公""选贤与能""平等互助""讲信修睦"等是原始氏族社会自发、朴素的原始道德风尚；在夏、商、西周时期，形成了"敬德保民"与"德治主义"雏形，统治阶层通过建立三公、六卿等官吏制度，将以"孝"为中心的宗法道德规范贯穿其中，同时社会上下积极践行"修德配命"的道德生活；春秋战国时在前人行政伦理思想的基础上，儒、道、墨、法等诸子逐步建构起各自独具特色的思想理论，形成了不同的理论体系，影响到随后几千年中国传统行政伦理思想，经过演绎、深化直到生成，建构成中国特色的当代行政伦理体系，具体表现为：从社会伦理与价值分析，中国传统文化形成了以儒家的"仁义"为核心的道德标准，"治国平天下"为终极理想的社会伦理目标。从社会治理的层面上看，中国传统文化则形成了以儒家的"德治"为中心，"礼治"与"仁政"为中间层，"忠孝廉耻"为第三层的同心圆结构。在个人追求上，中国传统文化强调"慎独—修身—齐家—治国—平天下"。中国传统行政伦理思想的内核及特点主要包括：

---

[1] 梁漱溟. 中国文化要义［M］. 上海：上海人民出版社，2003：27.

1. 无为而治。这是道家进行行政管理的"一种精神"。先秦道家是由老子开创的，他主张"无为而治"，求得"无为而无不为"的至高境界，推崇人与自然的和谐发展。其伦理思想核心是"慈悲为怀""守朴去智""崇俭寡欲""谦下不争"等伦理规范。这些规范中体现出的是一种虚无的文化："绝圣弃智"以及"清静无为"，体现着顺应自然的价值标准，蕴含着以自然为中心的价值理念。"无为而治"体现出的似是而非的道家精神成为中国传统伦理思想的重要元素之一，并深刻影响着我国行政管理的实践。

2. 既仁且礼。殷周时期注重礼仪文化，儒家则继承了其"以德配天"的行政观，追求道德信仰以及礼治秩序，崇尚理性自觉。"德政礼治"所形成的"仁"和"礼"的行为准则是其行政伦理思想的基础，非常强调政治人格的感召力，强调君子执政，为政者自己身正，则通过个人人格魅力影响到部属，从而影响到社会，使社会风气良好。它主张，为政者根本不需要发号施令就可自然引导民众行为。其核心思想体现在：一是以"仁"为核心，奉行道德理想主义的心性儒学，二是以"礼"为核心，奉行伦理中心主义的社会政治儒学。所以儒家追求的道德理想是："明明德，亲民，止于至善，"所希望达到的人生境界是："格物、诚意、正心、致知、修身、齐家、治国、平天下。"儒家的德治思想，重德轻罚，纠正了纯粹法治的偏差。因为如果没有德教，国民或政府工作人员没有基本的道德素质支持，那么法治也将难以实现。这也是儒家之所以在之后的发展中能够成为主流的思想，承担着大一统的思想共源，建构成为中华民族的公共平台，并由此成为中华民族精神家园的重要原因。

3. "法""术""势"。先秦法家，以"礼法兼济"为始，经历了"弃礼任法"的演变，到韩非子与商鞅"法"为本、到"术"、到"势"，最后得以完美结合。法治思想得以最终形成，彰显了"事在四方，要在中央，圣人执要，四方来效"①的君主专制与中央集权的精神。法家治天下的模式是"法""术""势"相结合。具体地说，"法"所针对的是普通老百姓，"术"针对的是统治阶级内部，法与术的结合就有利于君主个人思想的达成。因此，"法、术、势"是维护统治阶级利益的，其为治国提供了有力的制度保障。

4. "兼爱""尚同""非攻""尚贤"。这是墨家的四个主要思想维度。墨家思想是建立在"兼相爱、交相利"的基础之上的，"尚同"指的是行政组织伦理思想，"尚贤"指的是人事行政伦理思想，"非攻"指的是反战的政治观点，"兼爱"则是指这个阶层应当开放政权、参与政事的行政伦理思想。

这四家的理论虽然都存在融合与交叉，但是每一家核心思想都是独具特色的。也正是因为四家理论的独特性，每一家伦理思想内核在理论交锋的过程中才会不断地形成与完善，从而成为中国伦理思想的文化基石。弄清楚了这些文化基因，我们也就可以明白当今中国行政管理之所以会面临困境与冲突的原因，从而找到合理解决问题的措施。

(二) 现代社会德治观念

一个理性的社会更需要的是规则和规范意识。我国社会的现代

---

① 梁启雄. 韩非子浅解 [M]. 北京：中华书局，1982：48.

化进程把德治提到了更突出的地位。中国正处于剧烈的变革中，随着人们交往的对象、地域的扩展及交往方式的转变，我们的社会正在从传统的熟人社会转向更加开放的陌生人社会，这意味着与陌生人交往将成为人们的生活主流。社会主体面对多元的伦理观念和剧烈的价值冲突。在陌生人社会，秩序价值的实现更为重要，如何寻求到一个更有效的途径来整合社会的道德秩序是社会伦理的重要关注点。强调遵守底线伦理和道德规范，注重道德规范的认知和理性评价是其中一条很有效的途径，否则人们的价值信仰迷失、道德标准模糊，行政行为上的伦理失范亦不断显现。所以，道德文明建设应教会人们认知和思考什么样的道德规范才是正当的、合理的，如何进行社会规范的道德评价及道德观察，这也是适应社会生活大转变应该有所行为的趋势及其要求。

在熟人社会，可以强调亲情、情感或者血缘纽带关系，可以强调人与人之间的超功利理性，可以强调个体在共同体中的优先性。但是在市场经济条件下，社会是陌生人社会，自然感情纽带弱化，人与人之间更着重市场的理性选择，着重对利益的追求，而共同体对个人的管理、支持也让位于市场的理性选择，这时候如果不对道德规范做出必要的调整，道德伦理的建设则会沦为空洞的说教。

规范行政伦理，当务之急是要立德，也就是要建立健全与陌生人社会下的市场环境相适应的行政工作人员道德伦理规范体系。从本质上说，行政伦理也是一种职业道德，是国家机构及其全体公职人员在实施行政行为、履行行政职责时应遵循的道德要求，既包括行政个体应遵循的道德要求，如恪尽职守、公正廉洁、热爱学习、勤政爱民等，也包括各级党组织以及各级国家机构应遵循的道德要求，如勤政、务实、高效、廉洁等。近年来，党中央以党内法规形式对领导干部道德行为规范也做出了一些规定，这些规定对党员干部起到了较好的约束作用，但在有些方面还失之过粗、过宽、过软，且适用范围相对较窄。因此，应将现有的党政干部道德规范加以充实和完善，并根据新形势，针对新问题，将其上升到国家法律层面，以德性伦理为中心建构当代的道德秩序和行政伦理规范体系，增加违反伦理规范行为而付出的成本。

（三）现代西方行政伦理

中国和西方由于地域、民族心理及历史传统等方面的差异，其对人的本性的假定也存在一定的差异。首先，西方是以假定人性本恶开始进行规则探讨的，而中国则一般认为"人之初，性本善"。其次，在服务对象的理解上也存在着差异。在中国，由于受传统阶级等级观念的影响，部分行政官员存在着为政府服务的思想，而在西方，由于传统契约论思想的影响，大部分行政人员都接受了为公众服务的观念。

20世纪70年代到80年代，开始对传统的公共行政学说产生怀疑，其中以美国为代表的西方公共行政学界对政府改革呼声很高。可见西方行政伦理学演进变化与行政学研究的范式转换关系密切，通过对伦理价值的深入探讨以及对研究方法的批判，促成了以公共行政规范价值理论为核心的行政伦理学作为一个独立研究领域的形成。主要观点包括：（1）主张用规范平衡效率与社会价值观：综合效率与公共利益、平等、自由、个人利益等价值的关系，设立规则时考虑到平衡，这样才有实际意义。（2）主张建立以社会公平为核心价值的公共行政观：公共行政以社会公平为核心展开其他价值观，最终达到全体公民都建立以社会公平为核心的基本价值。（3）强调建设服务型政府：政府以为人民服务为宗旨，同时通过服务理念实现服务职能以及承担服务责任。

学界已经认识到政体才是行政伦理价值的重要载体，但这种共识才刚刚开始，还不能完全确定其方向。当代世界各国行政伦理建设的一个重要趋势是，通过伦理立法加强行政伦理建设的制度化。目前已经有越来越多的国家将伦理规范纳入法律规则体系之中。因而目前人们应当关注的问题是如何应对规范行政伦理的研究。

（四）中西方行政伦理制度建设的差异

"人性本善"是中国传统文化的重要观念，受其影响，我们国家在进行道德教育时倾向通过不断地教育、不断地伦理规劝，使人性保持在"至善"境界。体现在行政领域中，道德教育主要有以下几种方式：（1）通过道德教育来加强对行政人员的内部约束。如树立雷锋、孔繁森等典型，通过榜样人物示范行为、宣传学习、文件传阅等多种方式来达到教育行政人员，达到使之廉洁自律的结果。"性善论"有失偏颇，基于这种片面的人性理解，通过道德立法制度对行政人员进行约束在我国仍然缺乏。（2）重视对于行政个体的伦理建设。通过各种途径来提升行政个体的道德水平，忽视组织本身所存在的伦理问题。制定道德规范并通过使之内化达到个体内心确信来调整和规范行为。(3) 将职业道德建设与政治思想建设混同教育。上级对行政人员的关注对其政治性多过对自身道德，而关于行政人员职业道德方面并没有特殊性，与其他职业道德相等同。

西方社会对人性恶的认知是，坚信"不受制约的权力必定腐败，绝对权力导致绝对腐败"，通过制定和完善各项制度，从而达到约束人们行为的效果。(1) 制度是约束人们行为的各种规则、程序以及道德伦理规范，是通过外部强制进行管理，达到约束主体行为的目的，从而使其社会福利或效用达到最大化。主要包括道德立法、组织架构、职业规范，等等。相比较而言，外部约束比内部约束更客观、更具合理性，它可以规避内部约束规则因其主观性带来的不确定性。同时，制度化规则对各级行政官员的行为可以起到指导作用，能对各个层面的行政官员做出范式引导，通过强制性的要求最普遍地约束到各级行政官员的行为。(2) 行政伦理建设的重点体现在：一是行政人员个体的伦理建设。包括个人品德和行政职业道德建设；二是组织伦理建设。透过个体看到其背后组织的实质，敢于更深入地研究道德失范的原因，敢于怀疑组织本身的伦理问题。(3) 关于政府与公民的关系：每种行政职业及每个行政职位的职责是什么、享有的权利和义务是什么，都通过职业道德、职业要求的设定规定得比较清楚，且具有针对性。行政主体行使公共权力、管理公共事务的职权的权源是全体人民的委托。

比如，一旦发现伦理失范，美国人的反应中最典型的是：首先采取立法的方式制订新的规则或者构建新的制度；其次，重新构建组织结构或建立新的组织、新的行政伦理管理机构，制定新的行政伦理规则等更为严格的方式监管下属组织。这些也是近年来国外所采取的建设和完善行政伦理的措施，可以对我国行政伦理建设以及行政人员整体社会道德水平的提高提供有益的借鉴。

二、行政伦理法制化的价值

任何人研究行政问题，都不能避开价值观的研究；从事行政实务的过程实际上是进行价值分配的过程。行政伦理中涉及的价值观就是行政实践中希望达到的价值观，这也是公共行政的灵魂。行政伦理与一般伦理道德的本质区别就在于其公共性，其本质上是整个政府管理应建立的价值观体系。行政主体在进行行政活动、实施行政行为时所蕴含的价值取向也是行政伦理建设的价值取向，它们是对行政活动或行政行为进行评价、选择和判断的标准，也对行政活动、行政行为起着深层次的基础性的决定和导向作用。①

（一）核心价值：公平正义

"理想的国家就是正义的国家"，这是柏拉图在《理想国》中的重要论断之一，公正即是评价政府行政优劣的价值标准。行政具有公共性的特点，政府行政能否体现公平和正义直接影响到社会的稳定，同时，公平和正义也是政治社会的终极追求目标。因此，政府行政伦理建设最根本、最重要的价值取向便是公正与正义。

什么才是高效的政府，不仅体现在制度和行政体系建设中，还表现在政府及其公共行政的行政行为过程中，因此制度和行政体系

---

① 刘湘宁. 行政伦理建设的价值取向及实践途径 [J]. 求索, 2005: 8.

建设能够充分体现维护社会公正，实现公平和正义的价值观才是高效的政府。政府如何实现公正，体现在：政府改变传统的管理理念，提高行政行为的公开性和透明性；摒弃以权谋私和过度关注部门利益，防止权力腐败；在资源分配上能平等对待社会公众，使社会公众都能成为公共利益享用者；在创设规范以及进行行政管理过程中，能充分平衡到各方公共领域的受益者；与时俱进，及时调整那些妨碍社会公正的政策；变革那些无实效的、影响公正目标实现的政府行政管理体制；最后达到分配公正、交换公正、规则公正等，消除特权阶层。

(二) 基础价值：公共责任

行政权力的实施与行使总是要由行政人员来完成，因而行政权力与行政责任之间的关系互动也主要体现在行政人员个体上。行政人员个体在行使行政权力时，不能任性妄为，应清楚自己的身份，知道自己担负的职责，这份职责的要求就是行政责任的要求。之所以要设置行政责任，其目的也非常明确，即为了公共利益和维护社会公平规范行使权力，使社会秩序有序运行。反过来说，行政责任能够实现与发挥作用，行政权力也起到了很重要的作用。然而，在我国行政体系建设过程中，发现部分行政人员个体道德责任意识缺乏，同时又由于行政责任缺位导致行政领域出现伦理失范现象，因此，行政伦理公共责任的建设是今后主要的建设方向。公共责任的价值理念一经确立，公共管理人员就可以明确各自的责任，按要求从事相应的行政活动。

因此，责任行政已成为现代民主政治的基本理念，道德、行政、政治、法律等都是政府在实施行政行为时必须时刻保持的清醒认知，都是他们在行政时应当承担的责任。他们也时刻准备着接受来自内部和外部的约束，树立行政主体的责任意识，将公共责任理念作为行政伦理建设价值取向，力主权责并重。同时，在进行行政伦理规范体系的建设时，应明确行政主体所应具备的道德责任的具体要求，通过宣传教育，强化道德责任意识，使其能够站在国家、民族的高度，肩负起人民赋予其身上的责任，树立责任意识、服务意识，形成社会楷模的道德理想。

（三）目标价值：公共利益

马克思认为，国家是建筑在公共利益和私人利益之间的矛盾上的。所谓"公共利益"是指一定的经济社会条件下社会中特定多数社会成员的共同利益。而"私人利益"是社会成员个体的个人利益，它是社会共同利益关系的构成要素。公共利益不同于国家利益和集体利益，也不是个体利益的简单叠加，它具有主体数量的不确定性，具有实体上的社会共享性，而且不管个体之间的利益关系怎样，它都是客观存在的。"公共"还是"个别"，在某种状态下并非静态的，它们是相对存在的，如个别可以是单个的个人，也可以是一个社群的人，也可以是一个地区，也可以是一个国家，层层往上。公共利益是相对于共同体内的少数人而言的，以公共利益为本位阐明了行政行为作为国家的各级组织活动，最基本的是在国家意志范围内，以共同体内大多数人的利益为基准，以此协调公共利益和私人利益之间的矛盾，这也成为判断一个政府行为是否具有合法性、合理性的标准。而以为人民服务为宗旨则是我国政府谋求公共利益的体现。为最大限度减少政府行为中伦理失范的现象，也必须确立公共利益本位的价值取向。

因此，政府应该加强行政伦理建设，确立服务公共利益的价值取向，加强行政伦理规范和法制秩序对行政权力的有效监控，协调好公共利益与私人利益之间的矛盾，以谋取公共利益为本位，实现从"政府主导"向"社会主导"的转变。

三、行政伦理法制化的功能

按新公共服务理论，政府的最主要功能不仅仅是作为公共社会中的"掌舵人"，能对本地区的政治、经济、社会文化等的发展起到控制和引导作用，还应该是"协助者"，能站在社会公众的立场，协助公民自由表达意志，实现公共利益的角色。在公共服务理论下，公民被理解为一定区域内享有权利和承担责任的人，政府与社会之间的互动关系，不是服务者与顾客之间的关系，而是政府与公民之间的互动关系。因为"公共"还是"个别"是相对而言的，一个社区相对于社区内个体是公共，但相对于更大的社区而言则是个别，公共利益与个别利益也是相对而言的，因此，政府行为要看到二者之间利益的不同，看到个别利益之外的世界，看到长远的利益。顾客的角度则有不同，他们更关注个人利益，只看到眼前的短期利益，而往往看不到更长远的公共利益。因而公共行政中的工作人员，他们必须看到更长远的公共利益，并且还应该承担起引导公众朝向公共利益的责任。新公共服务理论认为公共利益不能被简单地理解为个人利益的聚合，而是要超越自身利益的局限去发现共同利益，按照社会群体的共同利益即公共利益实施自己的行为。同时新公共服务理论还倡导行政官员在引导和促进公民依照公共利益行为时应该体现出积极的服务者的形象。政府在实施行政行为时应当承担什么样的责任，这是非常复杂的，新公共服务理论同时强调公民权的重要地位和价值，认为公众所享有的公民权是其公共行为的前提和基础。

政府处在建立社会道德体系的核心地位，其功能主要体现在：一是价值导向，二是社会整合。而代表政府行为的国家公务员，他们在行政行为中优良的伦理道德表现是赢得社会大众普遍信赖的资本和手段。因而，作为政府行为代表的公务员才是公共利益的引导者、服务者，通过社会舆论、习惯、良心、理想等道德伦理手段，通过潜移默化的影响，使人们获得一种内在的威严和力量，从而实现其管理的功能。主要体现在：（1）凝聚功能。组织中所具有的共同道德意识、共同价值观以及一致目标等，使人们的思想情感和行为协调一致，形成一种强大的向心力，把人们凝聚在一个组织之中。（2）导向功能。道德规范是一种"应当"，按照"应当"的生活方式、行为模式引导人们达到某一特定境界的应当关系而为人们所认可。（3）评判功能。道德通过对个人的行为所进行的或善或恶的评价，对个人行为予以肯定或否定，使社会生活和个人价值取向趋于和谐一致。（4）操作功能。伦理规范要求管理活动的主体和客体都必须遵守这一操作规程，只有符合这些伦理规范的行为才是正当的、合理的、可行的行为。(5) 整合功能。一是合作关系的整合；二是利益关系的整合。(6) 激励功能。伦理规范通过个人内心的道德法庭——良心对个体的不道德行为进行道德审判，而促使个体积极向善，这样就能达到扬善抑恶的目的。

(一) 转变政府职能，建设服务型政府[①]

党的十八大报告要求：深入推进政资分开、政企分开、政社分开、政事分开，建设职能科学、廉洁高效、结构优化、人民满意的服务型政府。何谓服务型政府？有的学者认为，服务型政府要能够提供公共利益相关的服务，而且这种服务具有排他性，即私人和社会无法或不愿提供。有的学者认为，服务型政府是指政府身份及角色转变，由原来的管理者改变为社会服务者，由目标的制定和决定者转变为民众目标设定的引导者和指导者，政府职责由控制管理转变为传输服务，管理方向由经济领域转变为公共服务领域。

结合我国具体国情和实际情况而言，服务型政府的基本内涵是：以社会公共利益为目标，以为社会大众服务为基本宗旨，以社会本位及公民本位理念为指导，以民主、责任、公开、法治等为价值目标基础，在社会公众的广泛参与和监督下，能有效解决社会公共领域中的问题，提供优质、公平、廉洁、高效的管理的服务型政府形态。包括三层含义：一是从工作流程的维度，相对于官僚主义、低效率的政府而言，重视机制调整；二是相对于生产建设型政府而言，

[①] 保虎．论服务型政府建设 [EB/OL]．求是理论网，http：//www.qstheory.cn/lg/gc/201107/t20110713_92741.htm, 2013 (7-13).

重视结构的调整;三是从政民关系的维度,与管治型、控制型政府不同,强调社会公共治理转型。建立服务型政府,意味着政府、市场和社会三者关系的重塑,意味着政府职能的转变、政府管理模式的转型。

(二)杜绝"执法经济",提高行政效率

行政执法趋利广泛存在,形成一种"执法经济"。什么是执法经济呢?指的是执法单位或者个体以利益追求为基本目的,通过执法活动为本单位或者个人获取经济利益的行为,其实质是将人民赋予的公共权力作为其谋取利益的工具。当政府部门在行政执法过程中忽视行政相对人、公共利益而单纯地追求部门利益的时候,就会导致在行政执法工作中的滥用自由裁量权、权力寻租、应当作为而不作为、不应当作为而作为、以罚代管等。事实上以执法名义谋取私利、胡作非为个案屡见不鲜。2001年7月26日,高速公路路政管理部门与安徽定远县交警队就为一起发生在合徐高速公路吴圩段的重大交通事故的执法权发生争执。这类案件就是执法经济的结果。为获取个人私利,执法机关竟然极尽其手段,乱罚款、诬陷、虚报、瞒报,只要能带来经济利益,什么都可以做。

权力滥用可怕,但是权力的异化更为可怕。执法过程中出现的"经济化"或"产业化"现象体现出执法这一公权力的异化,同时也意味着公权力变成了私人利益的"掮客",由社会服务者变为为自己服务的自利者,由行政权力的监控者变成牟利型工具。无数惨痛的经验教训表明,公权力特别是行政执法权只要与执法者自身私利捆绑在一起，权力寻租的现象便会如雨后春笋般涌出，法律的天平也必然出现严重的失衡。在经济利益的驱使下，部分执法工作人员打着执法的大旗为所欲为，比如乱罚款、乱收费，滥用手中的职权。某些执法人员甚至自以为深谙执法的门道，利用执法资源谋取福利。"执法经济"听起来好像是具有一定合理性的工作指标，实际上是打着为经济增长点服务的旗号，为少数执法人员自己谋取私利。貌似"馅饼"，实则"陷阱"，其代价是牺牲了执法的严肃性、公正性和法律的权威性。

早期的执法经济理论，关注如何通过惩罚违法者威慑潜在违法行为。然而，考虑到执法本身的成本，特别是当法律本身非优化时违法行为带来的外部收益（或执法的成本），简单地威慑执法带来的成本可能大于收益。因此，以社会福利最大化为执法目标的最优执法理论认为，并非对所有违法行为都要实施威慑，只有当执法收益在边际上大于执法成本时，惩罚违法者才是有效率的。

作为效率政府职责实现的重要表现，现代行政伦理要求公共行政以尽可能低的管理成本实现尽可能高的公共效益。首先，政府行政能力和管理能力及政府服务的优劣都是通过效率的价值作为判断标准，政府追求高效率是现代行政的施政理念和行政活动的目标。其次，社会公平的实现有赖于公共效率的提高。公共社会中制度正义能否实现，公共社会政策能否有效运行，社会公共利益甚至社会公平的实现都有赖于公共效率的提高。同时，市场经济是竞争经济，市场主体在竞争过程中为争夺资源、谋取利益必然会产生秩序失衡的状态，因此产生社会不公、利益分配不均等问题，而这些问题是市场

61

机制本身无法解决的问题，政府的宏观调控是市场机制的必要补充。政府行政效率的高低直接影响到市场机制是否有效进行，影响到社会资源是否合理分配，因此，效率应作为政府行政伦理的价值取向。

(三) 建立行政权自我约束机制，强化行政责任

行政不仅要受到他律的约束，还有自我约束的机制。责任带有职责、使命之意，它既包含了必然，也体现了应然，是连接法律与道德的中间概念，也是建构行政伦理规范体系的关键概念。自律要求行政人员内心确信，包括理想、价值、品德的领悟等都是出自自觉自愿，所有的善行也都是源自内心的真实驱动，其内在想象及外在表现都是保持一致的，这也是我们所探讨的伦理自主。他律则是依靠外在的强制力驱动自己的行为。责任即是自律与他律的结合，行政伦理的目的则是通过他律而达到自律。

行政自主权是什么？从法律意义上来说，行政自主权主要是指行政的自由裁量权的行使，即行政机关可以有较大自由地做出各种决定，可以自由选择各种可能采取的行动方案，可以自由判断采取行动还是不采取行动，也可以是执行任务的时间、地点、方法，或者某个侧重面这些较为细节的决定。可见，行政自主权实现的前提是可以选择何种行政行为。随着行政自主权的扩大，行政伦理问题也随之产生，虽然行政自由裁量权带给了行政人员选择的机会，但是由此行政自由裁量权被滥用也成了一种可能，行政伦理制度的建立则是最终的解决办法，这样就可以处理好行政行为的合法性与合理性的关系问题。

换个角度来分析,法律之所以被选择为主要的社会管控手段,主要是因为它可以将有效的理性规则,通过传递、推行等方式去内在地表达社会普遍认同的价值原则和要求。也正是这样的原因,法律规范最后逐步发展成为社会伦理规范才是可能的。同时,法律只是限制行政权力的方法和手段,它应服从道德伦理价值导向。加强行政伦理建设,一方面应建立起行政人员的职业道德规范体系,建构包括精神的褒奖、职务的升迁、工作的变动、物质利益补偿等行政伦理道德代价补偿机制。另一方面要培养行政人员的公共责任意识,树立守法、奉公、忠诚、负责的意识,加大惩罚违反行政伦理道德行为的力度。

第二节　行政伦理法制化的理论渊源

　　"风险社会"的到来,冲击着政府信用体系建设,行政伦理日渐成为当代伦理学和法学研究中的热点,社会对国家公务人员的伦理道德要求越来越高,也越来越迫切。行政被认为是行政伦理和行政法共同的研究对象,在理论基础上也同样具有交融和借鉴性。从各个国家立法来看,国家公务人员或称为公务员均须建立自己的行政伦理或者说公务伦理规范体系,这样才能更好地认知自我的角色定位,廉洁自律,营造公平有序的公共服务政府环境。

一、行政伦理法制化需明晰的几个基本概念

　　要认知行政伦理,首先须明确"行政伦理的主体是什么?"学界

对行政伦理主体概念的理解是不断深化与拓展的。在20世纪90年代中期之前，伦理学界从职业道德角度解读，认为行政伦理的主体仅限于国家公务人员。伴随着行政伦理概念的提出，学者们逐渐把国家行政机关也纳入行政伦理主体的范畴内。随着行政伦理的制度化与行政制度伦理化研究的深入，学界开始接受把行政伦理的研究对象与内容扩展到"制度伦理"的层面，也使得行政伦理的主体出现了泛化、非人格化，即对制度的正当、合理与否，也要进行伦理与道德的评判。同时，也开始探讨伦理制度化问题，即把一定社会的伦理原则与道德要求规范化、法制化。① 所以开始出现了一种观点，认为行政伦理主体至少包括了这三个方面：一是行政机关和公务员等行政行为主体；二是各阶级、阶层、团体等配合参与行政行为的"行政相对人"；三是多种行政构件，诸如行政制度、体制、结构、程序等。故行政伦理，就是行政行为主体的德性伦理、行政相对人在行政行为中具有的伦理要求以及各种行政构件的作用机制中所体现的制度伦理的总和。② 本文主要探讨行政伦理制度化问题，抛开制度伦理层面的因素，认为行政伦理主体，既包括行政机关（或行政主体）③ 及其工作人员④，又包括行政相对人，他们三方相互之间产生的伦理道德关系即行政伦理关系。

---

① 刘祖云. 行政伦理何以可能：研究进路与反思 [J]. 江海学刊，2005（1）：83-89.
② 王进. 行政伦理研究综述 [J]. 理论前沿，2004（7）：44-45.
③ 在行政法学上通常用"行政主体"概念取代，包括能以自己名义行使行政职权并独立承担责任的组织，有时不仅限于行政机关。
④ 笔者认为，主要是公务员，有时也包括一些受行政主体委托，长期代替或协助公务员行使一定行政职权的聘用人员。

行政伦理关系的问题，即行政主体及其工作人员与其他组织及个人所形成的复杂的伦理关系，这是行政伦理的"实体责任"问题，也是基础问题，这个领域在当前来讲是全新的。梁漱溟先生认为，伦理关系"就是互以对方为重，彼此互相负责任，彼此互相有义务之意"①。故行政伦理责任和义务，是行政伦理关系中最核心的内容。对行政主体与公务人员、行政主体与行政相对人、公务人员与行政相对人等主体之间的行政伦理关系开展研究，在这种复杂的伦理关系中，也是为政府寻找到更为准确的责任、义务与道德的定位。②

行政伦理的基本问题是权力和利益的关系问题，即行政主体如何利用所掌握的行政权力调节行政管理活动中各种利益关系的问题。③ 通常问题的解决须诉诸行政行为的实施，最终都要落实到行政公务人员个体的伦理行为上。因此，法律要服从实施者道德评判和价值导向，在法律规范之外发展伦理规范，这也是可能且必要的。法律对于行政主体而言，只是限制权力的手段，我们仍需为公务人员建立起基本的职业道德规范体系，④ 以约束其行政伦理行为。

二、伦理制度：行政权的一种软约束

权力可分为公权力和私权力，广泛存在于我们的社会和生活之中。行政权作为国家公权力的一种，是国家行政机关依照法律规定，组织

---

① 梁漱溟. 梁漱溟全集 [M]. 济南：山东人民出版社，1989：659-660.
② 刘祖云. 行政伦理何以可能：研究进路与反思 [J]. 江海学刊，2005（1）：83-89.
③ 王伟，鄯爱红. 行政伦理学 [M]. 北京：人民出版社，2005：39.
④ 曹淑芹. 制度主义、责任意识与伦理自主——关于行政伦理法制化的逆向思考 [J]. 内蒙古大学学报（人文社会科学版），2004（7）.

和管理公共事务以及提供公共服务的权力，通常具有法定性、强制性、优益性、不可处分性等特征。行政权的行使，通常以国家强制力作保障，具有直接支配行政相对人的强制命令力量，从而得以直接、迅速且有效实现行政任务。正因为行政权的强制性，行政权运行中存在对行政相对人权益侵害的可能性，所以首先必须遵守"依法行政"原则，这是对行政权的"硬约束"，行政主体行使职权不能逾越法律规定的范围或界限，否则便构成行政越权，被视为无效。在行政权限的法定范围内，行政主体享有自由裁量权，法院通常不予以司法审查，对行政权予以充分的尊重，但这也容易导致行政权的"傲慢"和失去有效约束。

（一）行政裁量本质上是一种伦理裁量

康德认为，人有自由选择权，才谈得上道德，道德只有通过选择才能最终得到体现。从伦理学视角看，行政行为的实施者是具有一定意志自由，并能够运用伦理标准进行独立价值判定和道德决策的行政主体。现代行政法赋予了行政主体大量的裁量权，行政裁量指立法者赋予行政主体在实现行政任务时，享有依特定的法律原则和规定，自主斟酌一切与案件有关的情况，并权衡正反观点、证据之后，决定其行为的自由。

行政伦理研究发现，在公共行政实践中，以往总是强调要把"权力放进制度的笼子里"，因此也总是通过法律和组织体制控制行政人员的行为，而对于行政人员实施行政行为的自主性问题就考虑得很少，更别说为其自主性提供更多空间的问题了。即使保留了"行政自由裁量权"，但还是会时时对这个权力加以审查，以防止行使不当。基于此，通过行政人员的内在道德约束来矫正行政体系运行过程中的机械性、被动性、过于强制等问题，这就是行政伦理的要求，可以防止公共行政行为中出现的各种问题。

行政自由裁量权作为行政伦理学的一个核心概念，是一种制度之外的权力，行政自由裁量权的存在，既是对其行政人员理智和良知的肯定，也是对其能力与德性的挑战和考验。"行政伦理学领域的行政自由裁量权是一种深层次的自由裁量权概念，揭示了行政自由裁量权的伦理本质，突出了伦理道德在行政自由裁量权行使中的重要性，彰显了行政人员的公共性和伦理自主性特征，从而为寻求行政自由裁量权控制的伦理向度提供了基本的理论依据。"① 笔者认同，行政自由裁量权本质上是一种伦理裁量权，行政主体除了遵守依法行政原则，在行政裁量过程中至少还应符合公正、合理、灵活、诚信、程序等伦理要求，伦理的考量在其中发挥着极为重要的作用。所以，要对行政权进行约束，形成开放的一体化监督制约模式：一是权力机关或司法机关的外部监督；二是行政机关的内部监督；三是人民的监督。从人类理性角度看，不同的道德标准或价值观念可能导致不同的行为后果。一个具体行政行为最后的合法性和合理性，还应去寻找实施者所身处的社会伦理规范根源。在康德看来，人类和人类以外的所有理性生物都在道德上有不容推辞的义务；道德法则"让我们觉察到我们自己的超感性存在的崇高性，并且从主观方面在人之中产生了对于人自己高级天职的敬重"②，人将能自我抵制

---

① 王学栋. 行政伦理视野中的行政自由裁量权 [J]. 教学与研究，2007（06）：41-47.
② [德] 康德. 实践理性批判 [M]. 北京：商务印书馆，1999：96.

自利的不正当追求。

(二) 制度伦理化和伦理制度化具有辩证统一性

制度伦理化与伦理制度化作为人类活动的两个不同侧面，是密切制度与伦理之间关系的两种不同的思维路向，两者是相互联系、相互作用的双向互动的辩证统一关系。①

制度伦理化是指法律等社会规范的道德性，主要指的是制度、法律、法规、政策等规范所体现出的权利和义务分配的公平性和合理性。人有善恶之分，法亦有善恶。比如，行政法律制度是由各种行政法律规范本身所表明的各项要求及其所形成的系统构成，如组织制度、公务员制度、行政许可制度、行政处罚制度等，在制定过程中应具备伦理正当性的立法主体，才能确保其对立法权的运作、对法律的制定具有正当性，这也是公民之所以守法、法律之所以被信仰的根本原因。立法者良好的伦理素质，为基于统治合法性和合意立法决策机制而形成的具有正当性的立法决策结果的现实化，提供了一个重要的保障维度。一般而言，法律制度适度是其他社会规范适度的前提；制度的道德性决定了制度下实施行为的道德性，关乎制度是否可以付诸实施，不合乎伦理的法律制度是没有生命力的。所以，要保证行政法律制度的合法性，应同时强化其合理性。

伦理制度化是指将一定社会的伦理原则和道德要求上升到制度的高度，也就是伦理的规范化和法律化。从制度层面而言，在行政

---

① 教军章. 行政伦理的双重维度——制度伦理与个体伦理 [J]. 人文杂志，2003 (03)：22-28.

法律规范之外，我们要建构与时代相符合的道德伦理规范体系，强化行政自律精神，使行政伦理制度化，同时设立针对公务人员的相关行政伦理监督制裁机构，实现行政伦理规范对行政自由裁量权的"软法"约束。伦理制度化强调制度的约束作用，将不具有强制性的道德转化为具有强制力的法律，在市场经济条件下，对我国政府政策的制定与实施，道德缺位、腐败的治理以及行政人员的行为规范和道德建设都有着重要的现实意义。从这个意义上讲，伦理制度化是我国行政法制建设的一项重要内容，为实现行政伦理价值观奠定了坚实基础，提供了强有力的保证。

三、平衡论可作为行政伦理制度化的行政法基础理论

行政伦理就其本质而言，作为处理行政主体、公务人员与行政相对人之间道德评判的准则，应归于行政法哲学范畴。行政伦理的制度化，通过制度和程序的途径把公务员塑造成自主的个体，赋予他既具有实施行政伦理行为的能力，同时对行政相对人承担伦理责任。制度化的行政伦理规范一旦被归为行政法学研究范畴，就应选择现代行政法学的某种理论基础作为指导。现代公共治理中行政权与公民权之间关系错综复杂，既对立又互动。笔者认为，可以选择以平衡论作为行政伦理制度化的理论基础。平衡论坚持从"关系"视角认知行政法并构建行政法理论体系，行政权与公民权之间的互动是行政法关系的核心，行政伦理关系及其他行政法关系的形成及运行皆应围绕这一核心关系而展开。[①]

---

① 罗豪才，等．行政法平衡理论讲演录［M］．北京：北京大学出版社，2011：25．

(一) 行政主体与行政相对人之间的行政管理关系是行政伦理关系与行政法律关系的连接点

在行政职权行使过程中，行政主体与行政相对人之间发生的各种行政管理关系，表现在道德层面，就构成了行政伦理关系，表现在法律层面，就构成了行政法律关系。因而，行政伦理关系与行政法律关系实际上是一体两面。在关注点上，行政伦理关系侧重价值和利益衡量，即行政伦理主体在行政活动中的价值评判标准和利益导向问题。行政权的行使和利益的分配都与行政主体、公务人员个体和行政相对人有关。现代行政法所关注的行政主体与行政相对人之间的权力和权利、职责和义务的互动关系，以法律规范和原则为评判标准，最终也是为了实现公平正义和社会公共利益。殊途同归，尽管行政伦理与现代行政法在评判标准、归属范畴等方面都有所区别，但都可谓是同一行政管理关系（或称为行政行为）表现形式的不同侧面。这就决定了行政伦理与现代行政法之间必有共通的连接点，而这恰恰成为将行政伦理制度化纳入行政法学研究的关键节点。

(二) 平衡论要求行政主体和行政相对人之间伦理责任实现互动和平衡

在行政实践中，人们往往对于政府及其工作人员制定过高的伦理诉求，从权力和责任的平衡角度看，对行政伦理责任的研究也应注意平衡性问题。行政职权的拥有和行使主体应当代表社会公平正义或者为促进公共利益服务，对于公民权益具有强制性甚至破坏性效能，无疑应恪守相对严格的道德规范。当前中央出台的"八项规定"即主要是对党政机关及其工作人员的道德和纪律性约束。同样，公务员的伦理责任保持平衡至关重要，这种平衡包括对行政主体与公务员个体的平衡，对公务员道德评价标准、利益保护的平衡等几个层面。

相对于行政主体的权力强势，行政相对人往往处于权利弱势，我们往往忽视行政相对人的伦理责任。虽然我国行政法某些具体法律规范中，规定了行政相对人对于明显违法行政行为的一定程度抵抗权，即拒绝履行权，但是，当前种种社会现象，如行政相对人针对行政执法人员的暴力抗法事件，特别是在城管执法活动中的暴力事件，表明行政相对人仍应遵守一定的伦理责任。西方国家关于公民不服从的理论和传统，虽然逐渐为我国民众所关注，但从维护法律权威及树立对法治的信仰而言，针对任何主体都应遵守一定的伦理标准，都须划定一条不可逾越的界限。

事实上，我们可借鉴行政法对处于优位的行政主体进行平衡制度设计的做法，对行政主体、行政相对人权利和利益关系的行政伦理进行平衡性设计，着重于研究以下两个方面：一是既要研究行政主体伦理规范和监督，同时也不能忽视行政相对人的伦理责任建设。二是在伦理建设标准方面，我们应该在综合考虑行政主体伦理标准的最高线和最低线后选择中位，以确保行政伦理建设目标的达成和对行政主体激励功能的发挥；对于行政相对人而言，我们应尽可能为之划定一条行政伦理标准的最低线，以制止一些当事人无理取闹，干扰正常的行政秩序。

第四章　行政伦理法制化的必要性和可行性分析

第一节　行政伦理法制化的必要性分析

行政伦理法制化是必要的，主要从以下三个方面来进行研究：一是公共管理价值定位的变迁；二是回应公众多元化的需求；三是公务员的伦理自主性困惑。

一、公共管理价值定位的变迁

公共管理理论的产生是一种必然，随着社会的发展，它也遵循一定的发展规律不断地发展。自威尔逊的《行政学研究》问世开始，至今行政学已经走过一个多世纪了。在这一百多年里，行政管理研究的重点及其核心价值都已经发生了根本性的变化。

传统公共行政学将政治与行政分开，以此为基础，将行政界定为国家意志的执行，经济、高效地完成任务是其最高行为准则，价值中立是其行为的立场。依照这种理念，行政人员的主要职责就是能够经济、高效地完成政治规定的各项任务，他们不参与决策，执行职务时也不需要对各项决策进行价值判断和选择。也就是说，行政人员只是把自己当成机器上的零件，不需要进行价值选择，只要保持价值中立就可以了。

到了20世纪40年代，社会中出现诸多变化，政府用传统的公共行政理论无法应对这种局势，无法应对科技迅猛发展所造成的危机，行政人员价值中立无法解决产生的各种问题。于是，这种行政管理理念开始受到行政管理研究者的批判，尤其是关于传统公共行政学这三个方面：一是认为行政与政治可分；二是过分关注效率目标的实现；三是过于信奉实证主义而忽视价值的选择。这种挑战来源于两个方面：第一，行政人员的自由裁量权需求领域增多。一方面，行政人员是利用自己的专业优势进行行政管理的，在行政管理过程中，对公民需求的把控就比一般人更加及时，也更准确，所以在行政决策中，即使不参与决策过程，也能对决策的形成具有相当的主导权，这就决定了他们可以通过这个过程把制定法律和出台重大决策的权力抓在自己手里；另一方面，各项法律、法规、政策等规范内容抽象，再加上规范本身固有的不完备性，在实施具体的行政行为时，行政人员经常需要通过其所持有的价值观，有时甚至可以是个人主观爱恨进行价值判断。因此，不管是立法，还是执法，行政人员在其中的影响都很大。第二，社会浪潮促进了行政人员对职业新的角色定位。作为社会中的一员，行政人员既是行政主体，担负着为人民服务的责任,也是普通公民,是家庭关系的主力,有着自己的利益追求,两者之间角色转换如果不畅通,再加上作为行政人员其自由裁量权增多,政治色彩又在不断强化,他们不可避免有时会陷入伦理冲突困境。

这两方面的挑战,如果不加以合理地指导,那么行政人员在实施行政行为时,必然会出现公私不分及各种腐败行为,从而损害公共利益。因此,如何指导行政人员面对伦理困境,如何在伦理困境中作价值选择,这就需要伦理法制化,将自由裁量权控制在一定的范围内,站在法治的高度直接指导行政人员进行价值选择,从而规范自己的行为。

二、回应公众多元化的需求

随着社会生活水平的提高,人们对生活文化产品的要求也在不断地变化,体现在对政府提供的公共产品上,其所要求的品种、数量和质量都在不断升级,政府如何回应,如何适应人民群众日益增长的需求,在这点上至少得考虑到两个问题:第一个问题是行政机关需要应对社会公众的各种需求。一直以来,社会公众有什么诉求,首先想到的便是行政机关,特别是在行政人员的政治角色不断得到认可的情况下,更是如此;第二个问题是社会公众需求多元化,政府提供的服务也具有多元性。政府是多元服务中最重要的一元,在多元服务中,政府的角色也转变为"设计师""裁判员"了。

因有这两个问题,行政人员在价值选择和判断方面就遇到了前所未有的困境。他们在提供公共产品和公共服务时,有时为了满足公众的需求以保证公共利益的实现甚至不得不根据自身的价值判断去完成。但是，也正是这种困境给了行政人员最大的自由裁量权，也是这种自由裁量权很可能使得行政人员追求私人利益最大化，从而偏离公共利益的轨道。因此，自由裁量权需要约束，法律以及相关制度是一方面，行政伦理的约束也是必不可少的。单纯通过行政伦理约束，由于其内在的柔性，效果肯定是不理想的。从这个角度讲，需要将行政伦理变成促使行政人员真正遵守的规范，即行政伦理法制化。这样，可以在回应公众多元化的需求时使行政机关人员避免陷入伦理困境中，同时也可一定程度上避免行政人员利用公共权力追求个人利益最大化现象的发生。

其实，国家发展改革委员会联合20部门印发的《国家标准2021》明确了幼有所育、学有所教、劳有所得、病有所医、老有所养、住有所居、弱有所扶、优军服务保障、文体服务保障9个方面、22类、80个服务项目的服务对象、服务内容、服务标准、支出责任以及牵头部门。通过标准的确定提供了政府履行公共服务职责的依据，这也是政府应对多元化需求的重要举措，同时也说明行政伦理法制化是现代公共行政管理的发展趋势。

三、行政人员的伦理自主性困惑

行政人员的各种不同身份要求其必须为之而奋斗。作为行政人员，他需要追求公共利益最大化，需要接受一定组织的控制，其行为也必须符合法律和各项制度的规定；作为家庭中的一员，他需要为家庭承担经济负担，需要追求个人利益最大化；作为社会中的一员,他同样需要为个人地位而努力拼搏,需要得到周围人的认同;……。行政人员在行为过程中担当了多重角色,而每种角色赋予的要求又不尽相同,这必然使得行政人员容易陷入伦理冲突的境况,从而给行政人员带来行政伦理自主性问题。譬如,他们是否应该"多考虑所有公众的利益和福利,而少考虑自我、家庭、宗族和部落的利益和福利"。[1]

作为行政组织中的一员,他得接受组织对其进行的管理和指导以获得伦理上的合法性;作为行政职业中的一员,他得接受行政职业道德规范的指导;等等。在这种境况下,谁的要求应该被优先考虑呢?是行政组织的管理与指导要得到优先重视吗?如果行政组织中的上级采取了不道德的行为,难道也要坚决执行吗?是获取个人利益最大化以满足家庭的需要应该得到优先考虑吗?一旦个人所得是通过不合法的手段得来的,怎么办?等等。在利益冲突问题上,行政人员就要面临这种"利益与职责之间、私人生活禀性与公共角色义务之间的不可避免的紧张关系"。[2]

上述问题,尤其在后现代社会背景下,随着行政人员角色的多样化,会显得越来越棘手。要解决这些问题,需要求助于各项法律、法规的规范,但同样也少不了行政伦理的指导与规范。而伦理规范的"软弱"又迫使人们不得不求助于法制。从这个角度出发,行政伦理法制化为行政人员解决了个人伦理自主性的问题,为行政人员

---

[1] Waldo, D. Reflections on Public Morality [J]. Administration and society, 1974, 6(3): 267.

[2] Tussman, J. Obligation and the Body Politic [J]. New York: Oxford University Press, 1960: 18.

指明了方向，以使行政人员面对不同的伦理困境都能做出正确的行为。

以上三点，是从现实社会的发展、公共管理学的学科发展出发得出的结论。从道德和法律的本质同样可以推出道德法制化的必要性。法律和道德，作为两种不同的社会规范，其发挥作用的效力和方式是不一样的。法律的权威性有赖于其影响着物质利益的获得或丧失；而道德的权威性则大打折扣，道德发生效力的方式和途径相比法律都要宽容一些，道德规范在现实执行过程中可能得不到有效的遵守，道德标准也容易发生变形、扭曲甚或遭到拒绝遵守等现象。甚至可以说，道德的遵守行为，只有在不会丧失或获得利益的境况下才可能发生。在这种境况下合法但不符合道德的行为就很有可能出现了。此时，将道德法制化就成为必要，即当道德自身严重缺乏感召力和约束力时，对道德实施法制化就显得非常有必要。正如我国学者杨翔所言："将一种理想的道德体系体现为法律模式，人们通过执行、遵守法律的过程中形成新型的习惯、风俗和道德，这或许不失为'道德重建'一个有效的途径。"[1] 而行政伦理作为道德的一部分内容，也出现了上述问题，同样存在法制化的必要。同时，由于"法制的目标追求是把社会生活的一切层面纳入依法规范的轨道上来，用法律意志的确定性取代权力意志和个人情感因素的不确定"，[2] 因此，"法制可给全体公民规定同意的、强制性的行为规范，

---

[1] 杨翔. 由法制的道德化走向道德的法治化. 长沙电力学院社会科学学报，1997(2)：37.

[2] 张康之. 论社会治理中的法治与德治[J]. 学术论坛，2003(5)：3.

而依靠道德达不到这样的程度"。① 这也就为行政伦理法制化提供了理论的必要性。

第二节 行政伦理法制化的可能性分析

行政伦理法制化具有必要性还不能推出其在现实中的合法性，还需要现实可能性。笔者认为，行政伦理法制化的可能性来源于道德的法制化的可能。道德法制化，首先要解决的问题就是道德法律化，只有在对某些道德规范法律化之后，才能进一步执行该法律，并予以适当的监督和教育。道德法律化，就是以法律的形式对某些道德规范加以规定，即"立法者以成文的形式确认和保护它的基本道德主张"。② 它是指"立法者将一定的道德理念和道德规范或道德规则借助于立法程序以法律的、国家意志的形式表现出来并使之规范化、制度化"。③ 从这个定义出发，笔者认为，道德法律化就需要解决两个问题：第一，道德能否法律化，即道德法律化的学理基础问题；第二，哪些道德可以法律化，即道德法律化的限度问题。

一、道德法律化的学理基础

道德和法律，一个是软性约束，另一个则是硬性规定。二者能

---

① 袁准. 中韩行政伦理比较及其启示 [J]. 理论界，2006 (12)：226.
② 曹刚. 法律的道德批判 [M]. 南昌：江西人民出版社，2001：98.
③ 范进学. 论道德法律化和法律道德化 [M]. 法学评论，1998 (2)：34.

<<< 第四章 行政伦理法制化的必要性和可行性分析

否结合在一起？道德法律化是否具有理论上的合法性？是否具有学理基础？这些问题直接决定了道德法律化的合理性和现实的可行性。

我国许多伦理学方面的学者对此做了较精辟的研究，大多都是从道德和法律的共性出发，即以道德和法律的相互渗透、相互影响以及相辅相成的关系为基础进行分析。对此，笔者做一个梳理：第一，道德和法律均含有义务规范，义务成了道德法律化的中介和桥梁，否则二者便失去了共同的内容，也就无法相互转换；第二，道德和法律的普遍适用性都很强。道德作为社会规范，在一个国家甚或一个地区内是通用的。法律更是如此，它通过国家的强制力量保证得到最大程度的实施。诸如道德原则、规则等道德规范可以加以普遍化，变成人人可以遵守且能够做到的一般性规范。道德可加以普遍化的特征，为把人人能够做到的道德法律化提供了契机和基础，最终以法律的普遍有效性来引导、规范、推动、保障和约束道德的制度文明，并反过来通过社会主体行为透视其道德状况是否文明；第三，道德和法律在很大程度上都是国家责任的象征，它们得到忠实、有效的遵守都意味着国家责任得到维持。因此，国家有责任通过某种强制的力量来保护社会共同的"善"、抑制共同的"恶"，尤其在它们得不到遵守时显得更加重要；第四，它们具有共同的基本逻辑性，"无论是法律还是道德，都既需要产生规则效力的'必须'逻辑，又需要体现价值合理性的'应当'逻辑"。[1]

从上述四个方面的论点出发，笔者认为，尽管道德和法律是两种不同的社会规范，但由于二者具有一些共通性，因此道德从理论

---

[1] 彭凯云，梁秋化. 道德的法律化分析 [J]. 广西社会科学，2002 (1)：831.

上讲是可以法律化的。

二、道德法律化的限度

关于道德法律化的观点，我国有的学者持有怀疑的态度，他们认为道德是不可以法律化的。如我国学者秦红岭就认为，道德法律化可能弱化人们守法的道德基础和道德上的自律能力，而且在实践上，极易产生道德泛化，不适当地跨越道德与法律的界限而将能够理想性的或较高标准的道德观念和道德规范转化为国家法律，这不仅损害了道德，也违反了法律的基本属性。因此，在他看来道德法律化很难成为改善社会道德状况的"一剂良药"。仔细看来，笔者认为，这并不是对道德法律化的完全否定，而是认为并不是所有的道德规范都可以通过实现法制化而得以遵守，认为不加思索地盲目夸大道德法律化的功能有可能导致法律和道德的功效都得不到有效的发挥。换句话说，道德可以实现法律化，但存在一个"度"的问题。

关于道德法律化的"度"的论证，至少有两位学者的论述较为精辟。一个是美国学者富勒，另一个是美国学者博登海默。富勒在其《法律的道德性》中分析道：道德在其层次上可分为义务的道德和愿望的道德，义务的道德由于其不得不遵守而可以比作语法规则，愿望的道德由于其只是倡导行为主体去追求而可以比作批评家为卓越而优雅的写作所确立的标准。那么，"正如义务的道德诸规则规定了社会生活所必须的条件一样，语法规则规定了维护语言作为交流工具的必要条件。正像愿望的道德诸原则一样，一流写作的原则必定'是灵活、模糊和不确定的，与其说它们为我们提供了达致完美境界的确定无误的指引，还不如说它们只是一般性地描述了我们应当追求的这种完美境界'"。① 因此，从富勒的观点出发，作为义务的道德为了得到忠贞不渝的遵守是可以实现法律化的，而作为愿望的道德由于其标准较高而不太适合法律化，在一定程度上只能作为理想目标而被人们所追求。因此，并非所有的道德都可以通过法制化以得到遵守，而只是一部分诸如义务的道德可以作为强制措施严格要求人们遵守。而博登海默在其《法理学—法哲学及其方法》中同样也论述道："法律和道德代表着不同的规范性命令，其控制范围在部分上是重叠的。道德中有些领域是位于法律管辖范围之外的，而法律中也有些部门几乎是不受道德判断影响的。但是存在着一个具有实质性的法律规范制度，其目的是保证和加强对道德秩序的遵守，而这些道德规则乃是一个社会的健全所必不可少的。"② 因此，沿着博登海默的思路推下去，一方面说明道德是可以法律化的，另一方面又指出被法律强制的道德领域是有限的，即道德法律化是有限度的，强调法律对道德强制的"度"。

三、行政伦理法制化的可能

在解决了道德法律化的可能性问题之后，道德法制化的问题也就随之迎刃而解。当能够法律化的道德被立法机关通过之后而形成法律时，为了使其得到执行，就必须成立相应的执法机关，并为了保障公共合法权利不受到侵犯而需要建立相应的司法机关。同时，

---

① [美] 富勒. 法律的道德性 [M]. 北京：商务印书馆，2005：8.
② [美] 博登海默. 法理学—法哲学及其方法 [M]. 北京：华夏出版社，1987：386.

在法律颁布之后，需要加强对公民在该法内容、操作上的教育，以保证此法的推广以及得到守法者的认同和理解。因此，在道德法律化成为可能之后，行政伦理的法制化也就有其发展的可能性。

第三节 行政伦理法制化——从外部控制到内部控制

一、实现行政责任的两种方法——内部控制和外部控制

责任，是一个社会得以正常运行所必不可缺少的纽带，它是与权力相对应的。有权力，就有相应的责任。在现实中，每个人都同时扮演了多重角色，各种角色都赋予其一定的权力。同时，每种角色也都规定了各自的义务和责任，都有各自的追求目标。因而，各种角色之间不可避免地会发生冲突，即每个人在充当各种角色时追求的目标以及实现目标的过程难免产生冲突，在承担各种角色所规定的责任时就会有先后、主次之分。行政人员同样存在这种状况。行政人员至少在两个组织中充当相关角色：一是家庭，二是政府。在家庭扮演角色时，就有为家庭分担经济压力的责任，有追求自身利益最大化的目标；而在政府扮演角色时，就有为上级、社会公众等负责的义务，有追求公共利益最大化的目标。无疑，二者发生冲突时，行政人员就不得不在一定的思想指导下采取相关行动来调和这种冲突。而一旦没有任何外界压力的话，这种行为将有很大的随意性，也就必然会出现行政人员为了实现自身利益最大化而损害公

共利益，忽视自身扮演行政人员角色时的责任，从而使相应的责任未得到实现，影响责任政府的建设。

因此，责任的实现成为学者共同关注的话题。我国学者谢军在其《责任论》中认为，责任的实现来自两个方面，一方面是就积极意义上的责任而言的，它的实现要求责任承担者对自身责任有清楚的认识，并对自身行为进行有效控制，这主要表现在责任主体的责任感上；另一方面就是从消极意义上的责任入手，它的实现有赖于社会的评价和社会采取的处置措施，主要包括法律、道德、相关制度、风俗习惯等。当然，在强调完这两种实现责任的方式后，他认为责任实现的必备条件是：责任主体必须具有相应的责任能力，而具有责任能力的要求就是责任主体具备责任认知的能力，即对责任要求的正确认识和理解的能力、对责任情景的正确感知和判断的能力、对行为后果的预见能力以及对责任行为的反思能力。在他看来，责任主体具有责任能力是责任实现的必要条件，在此基础上还需具备两种条件：责任实现的内在机制和外在机制。

学者谢军的观点，有其合理的地方。如通过强化责任主体的责任感来促使责任主体实现自身应有的责任，这一点在文明程度较高的社会中效果较为明显；再如，通过强化社会制约机制（如法律、道德、制度、风俗等社会规范）和社会调控机制（社会舆论等）来保证责任的实现，在责任感不强、经济发展水平不高的社会里这是必不可少的。但是，当责任主体在实现自身某些具有冲突的责任时，这两种方式有可能失去效力。原因在于某些社会制约机制的效力是极其低下的，在某些基本道德规范效力低下的情况下是不能发挥其作为社会制约机制作用的。另外，责任感的培养同样少不了行政伦理的指导。

在责任实现方式的划分方面，笔者比较赞同美国学者特里·L.库珀的观点。特里·L.库珀认为，维持公共组织中的负责任行为具有两种方法，一是外部控制，另一个是内部控制。"实施外部控制的理论基础是：个人判断力和职业水平不足以保证人们合乎道德规范的行为"，[①] 从而将目光投向行政人员自身之外的某些途径，如采取新的立法、制定新的规则、加强对行政人员的监管等。而内部控制则是通过行政人员内心的价值观和伦理准则来鼓励其在缺乏规则和监督机制的情境下做出合乎道德规范的行为。

二、内部控制与外部控制之争

正如上文所述，要维持行政人员的负责任行为，可以从外部控制和内部控制两个方面入手。在行政学的发展历史上，关于这两种方式孰是孰非、哪种方式更有效是存在一番激烈争论的。典型的两位代表是：支持外部控制更有效的罗马尼亚学者赫尔曼·芬纳以及赞成内部控制效果更好的德国学者卡尔·弗里德利奇。芬纳早在1936年就通过《更好的政府员工》阐明了自己的观点，"尽管道德规范、内心自律以及所有使他们发挥作用的办法，为行政管理具有创新性、灵活性以及富有成果提供了保障，但在现今还没有任何东

---

① [美]特里·L.库珀. 行政伦理学：实现行政责任的途径 [M]. 第四版. 张秀琴，译. 北京：中国人民大学出版社，2001：123.

西比基本的政治控制和政治责任更为重要"。① 他的这种观点是建立在行政人员不需要同时也没有权力去决定自己的行为基础上的,"要为选举出来的公众代表们负责任,这样公务员对行为过程的决定充其量就是:技术可行性"。② 他根据下述三个信条得出,行政人员的责任需要服从外部政治控制,这三个信条是:(1)公共统治要求政客和公共雇员为公众的需求而工作,而不是为他们所认为的公众的需求而工作;(2)公众统治要求建立起以地方民选组织为中心的社会公共机构;(3)公共统治不仅包括向政府反映自己需求的能力,还包括严格服从命令的能力。因此,他认为,如果仅仅依赖和信任行政人员的内在行为准则、良知或主观道德责任感总会不可靠的,总会导致权力的滥用,没有相关的带有惩罚性的外部控制不可能带来完全负责任的行为,渎职、贪污、受贿等责任未实现的现象是不可避免的,甚至是必然会发生的。因此,他极其强调提高对行政人员的法律控制并改进法律责任策略,同时通过改进管理制度以便更有效地维持组织内部的纪律。这种观点得到一些学者的赞同,如维克托·汤普森认为,公共组织及其行政人员角色均有赖于诸如法律、立法监督和官僚等级制度所表现出来的外部因素的控制。因而,赞成外部控制的学者都较倾向于通过伦理立法、建立伦理规范等方式促成行政人员的负责任行为。

而德国学者卡尔·弗里德利奇尽管不否认诸如公共行政人员传

---

① [美]特里·L.库珀.行政伦理学:实现行政责任的途径[M].第四版.张秀琴,译.北京:中国人民大学出版社,2001:126.
② [美]特里·L.库珀.行政伦理学:实现行政责任的途径[M].第四版.张秀琴,译.北京:中国人民大学出版社,2001:126.

统政治性责任的外部控制在维持负责任过程中的重要作用，但他认为，由于政治与行政不可能完全分离，公共行政人员不可避免会卷入到政策决策中，同时再加上现代政府活动的复杂性，公共行政人员就具有相当大的自由裁量权。在自由裁量权行使的过程中，行政人员要公平、公正地处理行政事务就需要某种"心理因素"，即采取某种行为的内心态度和立场，而这种内心态度和立场，就来源于对"技术知识"和"公众情感"的内化，是行政人员自身内化了的主观责任道德。这一观点，同样得到不少学者的呼应，如弗雷茨·莫尔斯坦·马克思认为，法律控制是必要的，但是人不能是责任的唯命是从者，而应该是责任的培养者，需要一种适宜激励责任生长的气候条件去促使责任主体主动地履行职责。

笔者认为，两种观点的理论说服力都很强，但也都有自身的缺点，具体将在下一节论述。总而言之，这两种观点都不乏各自的支持者，这两种责任实现方式在现实生活中也都被各国同时采用。

三、从外部控制到内部控制

无论是对行政人员实施内部控制，还是对其进行外部控制，都有各自的可取之处，但同样也都有各自不足的地方。

对行政人员实施外部控制，无非就是通过法律、道德规范以及各种监督而实现的。在特里·L.库珀的《行政伦理学：实现行政责任的途径》（第四版）一书中，他明确阐述了诸如行政伦理立法、伦理法规这两种外部控制的优缺点。如伦理立法作为外部控制的一种方式，他认为，优点有三个方面：第一，"伦理立法为公共行政人

<<< 第四章 行政伦理法制化的必要性和可行性分析

员面临和解决伦理冲突和伦理困境设定了一些一般性的限制,这种限制是对政治共同体道德最低标准的规范性陈述";① 第二,"伦理立法也对那些超出由公民设立的权限范围而进行活动的公务员制裁";② 第三,伦理立法"通过给行为设立道德最低标准实现其'抓小偷'的主要功能"③ 来时刻给行政人员敲响警钟以使其维持负责任的行为。其缺点同样也有三个方面:第一,"它们对具体问题缺乏确切的指导,而只能解决一般性问题",④ 即法律具有较强的宏观性并给予执法者很大的自由裁量权,因而"法律从来不能处理具体的问题";⑤ 第二,由于"伦理立法漏洞的存在、举出有力证据的困难,以及人们对举报自己同僚涉嫌违法行为的不情愿,使得检举活动时断时续且缺少规范化",⑥ 因而伦理立法通常比较难以贯彻实施;第三,若严格执行行政伦理立法,势必损害政府行政人员间的工作氛围,有时甚至会"导致机构中充满内讧、自保和恐惧意识",⑦ 从而导致创新性行为的减少。

---

① [美]特里·L.库珀.行政伦理学:实现行政责任的途径[M].第四版.张秀琴,译.北京:中国人民大学出版社,2001:126.
② [美]特里·L.库珀.行政伦理学:实现行政责任的途径[M].第四版.张秀琴,译.北京:中国人民大学出版社,2001:126.
③ [美]特里·L.库珀.行政伦理学:实现行政责任的途径[M].第四版.张秀琴,译.北京:中国人民大学出版社,2001:126.
④ [美]特里·L.库珀.行政伦理学:实现行政责任的途径[M].第四版.张秀琴,译.北京:中国人民大学出版社,2001:138.
⑤ [美]特里·L.库珀.行政伦理学:实现行政责任的途径[M].第四版.张秀琴,译.北京:中国人民大学出版社,2001:149.
⑥ [美]特里·L.库珀.行政伦理学:实现行政责任的途径[M].第四版.张秀琴,译.北京:中国人民大学出版社,2001:126.
⑦ [美]特里·L.库珀.行政伦理学:实现行政责任的途径[M].第四版.张秀琴,译.北京:中国人民大学出版社,2001:126.

同样，内部控制在维持负责任行为中也具有自身的优势和劣势。优势很明显，内部控制能强化行政人员的负责任行为，原因在于它们促使负责任行为的最终来源是一系列已经内化在行政人员心中的态度、价值观以及信仰，而不是像外部监督、加强执法等来源于外部的规则和程序的外部控制手段，因此，负责任的行为都是出自行政人员自身的意愿。而且，在行政人员拥有越来越多的自由裁量权的背景下，内部控制显得更加重要，其作用更加明显。当然，它也有自身的缺陷，主要包括三个方面：第一，在现代多元化的社会中，"很难就公共行政人员应该采取哪一种价值观的问题达成共识"；①第二，"内部控制也不是完全可靠的"，② 尤其是在利益面前很难做到符合内在的行为准则；第三，"在对抗性的价值观之间，也存在着冲突的可能性"，③ 这将使得行政人员陷入伦理困境。从上面的分析可以看出，内部控制和外部控制都存在不足，单纯强调某一个方面都不足以保证负责任行为的发生。因而，笔者认为，对外部控制做长远打算，最终走向内部控制，即行政伦理法制化是比较合理的一种途径。这里的"行政伦理法制化"不仅强调伦理立法，在立法之后还需要认真执行并实施执法监督，在此过程中还要强调对行政人员的教育，最终内化到每一个行政人员心中，从而在最大程度上发挥内部控制和外部控制的优势，在最大程度上维持行政人员负责任的行为。换句话说，就是通过行政伦理法的长期有效的执行，最终

---

① [美] 特里·L. 库珀. 行政伦理学：实现行政责任的途径 [M]. 第四版. 张秀琴，译. 北京：中国人民大学出版社，2001：149.
② 李春成. 行政人的德性与实践 [M]. 上海：复旦大学出版社，2003：295.
③ [美] 特里·L. 库珀. 行政伦理学：实现行政责任的途径 [M]. 第四版. 张秀琴，译. 北京：中国人民大学出版社，2001：149.

将法律变成行政人员行为的自主意识，充分发挥内部控制的优势来保证责任的实现。

在行政伦理法颁布之后，行政伦理法制化的工作远远还未结束，而只是行政伦理法制化的第一步，但这一步正是对国家行政人员实行外部控制的重要一步。在颁布行政伦理法之后，相应的执法机关——行政伦理委员会应严格按照相关的法律规定对国家行政人员实施外部控制，对他们的相关不合伦理法的行为及时加以揭发，并按照相关法律规定给予相应的惩罚。因此，笔者看来，从行政伦理法的颁布，到行政伦理委员会的执法，都属于外部控制的领域，即这一阶段可以称为行政伦理法的"他律时期"。

但是，当行政伦理法实施很长一段时间后，通过行政伦理委员会对国家行政人员的相关教育以及一些违反行政伦理法案件的处理，再加上新闻媒体对相关案件的跟踪报道，可加深行政人员对行政伦理法的认识。随着腐败案件的不断揭发、处理以及相关的公民教育工作，行政人员从被动接受行政伦理法的规定到将行政伦理法内化至自己心中，时刻牢记行政伦理法的相关规定，时刻检验自身的行为是否违反了行政伦理法的相关章程，从而将行政伦理法的内容变成自身行为的自主意识。当然，在这一过程中，行政伦理的相关教育显得非常重要，这种教育的目的是提高行政人员以及拟准备加入行政人员队伍的人对行政伦理的认知能力。这种认知应当包括两个方面：一是知理（伦理规则和伦理推理）；二是"知己"。[1] 随着行政伦理法制的不断向前推进以及相关教育工作的不断展开，行政人

---

[1] 李春成. 行政人的德性与实践［M］. 上海：复旦大学出版社，2003：295.

员以及准备加入行政人员队伍的人就能逐步达到"知理""自知"。当他们既"知理"又"自知"时，他们也就能受到来自他们心中的伦理观念的约束。当行政伦理法制化发展到这一阶段时，内部控制就开始起作用了，此时就开始发挥内部控制作为责任实现的一种途径的作用。随着行政人员对行政伦理法的不断认识，行政伦理法将最终作为内部控制的一种方式对行政人员发挥作用。这一阶段一般被称之为"行政人员的自律时期"。因此，从这个角度出发，行政伦理法制化可以作为从外部控制转变至内部控制的方式，发挥内部控制作为责任实现途径的一种反腐败措施。

第五章　行政伦理法制化探索现状

第一节　国家公务人员的伦理和制度困境

英国著名伦理学家汉普歇尔在《伦理与冲突》一书中写道："道德与冲突是不可分离的。"公务人员在工作中的行为困境主要来源于责任和权益冲突，即当人们面临道德准则、道德价值之间的冲突，为了执行某一道德准则而破坏另一道德准则，为实现某一道德价值而牺牲另一道德价值的选择处境时，就面临着行为选择的道德冲突。美国学者萨拜因曾说，当人们处于从"恶"能得到好处的制度之下，要劝人从"善"是徒劳的。一个良好的政府治理首先要诉诸法制，也要充分发挥伦理道德建设的作用；法德并施，以他律促成自律。行政伦理制度成了行政权力运行过程中的重要制约机制之一，要重点根据具有公益性的政府组织妥善地处理好权力运用中的困境问题。

一、内部困境：国家公务人员的行政行为选择

在具体的行政实践活动当中，国家公务人员有可能经常会遇到具有实践性和两难性的情景，即"做这个你可能下地狱"，"做那个你也有可能要下地狱"，① 从而出现了选择的困境。

由于国家公务人员首先是一个公民，因而他既要担当公务员的角色也要担当公民的角色，这两种角色赋予了他不同的责任内涵。作为公务员首先要担负起社会、上级、公众和法律法规所限定的责任，同时也要担负起作为一个公民的主观责任。但是，这些不同责任的内涵常常是不同的，有时候相互之间甚至是相悖、相冲突的。一旦行政人员面临多种责任期盼，并且这些责任期盼都是有价值的，然而却做不到面面俱到，这就陷入了选择困境。诚然，这些责任所引起的冲突会涉及要将很多的伦理规范做出等级排序。总体来看，可以对客观责任冲突从权力冲突、利益冲突以及角色冲突这三个角度来展开讨论。这里并非一定要把客观责任冲突划分成完全没有关联的三种类型，而是为了接下来更清楚地认识和了解责任冲突的具体情境，并且要想对客观责任做出严格划分是有一定理论难度的，也有可能会扭曲实践中遇到的具体情境。

（一）国家公务人员的角色冲突

心理学中有一种角色理论，该理论认为不同的人会扮演不同的

---

① ［英］特里·L. 库珀. 行政伦理学：实现行政责任的途径［M］. 张秀琴，译. 北京：中国人民大学出版社，2001：85.

角色，即使同一个人也会扮演多重角色，不同的角色会给行政人员带来这些角色所需承担的特定责任。角色理论是接下来理解角色冲突的重要环节。人们在不同的角色中所体验到的价值观是有很大差别甚至是相冲突的。因而，角色冲突也被看作责任冲突的一种表现形式。

角色冲突所引发的伦理困境主要表现为以下几种具体的情形：

第一种伦理困境是由于个人社会责任与行政管理者责任发生冲突所引发的。公民在社会中所扮演的社会角色所需要去承担的各种责任以及义务被称为个人社会责任。行政人员作为一名公务员在其职业角色中所要承担的责任和义务被称为行政管理者责任。我们这里认为责任和义务在其本质上是统一的。然而由于种种因素，导致公众经常会把责任和个人的社会角色联系起来，把责任视为个人的外在规定，将义务和个人的权利联系起来，把义务视为个人的内在规定。这种观点是社会等级化下的认识，也就是说责任被看作是上对下的，而义务被看作下对上的，然而随着人们的平等关系被实质性地建立起来，责任和义务就会被完全统一起来。行政人员作为一名行政管理者，他有责任和义务对所在组织负责，同时也有责任和义务为公众服务。然而不容忽视的是，行政人员首先是公民，在社会生活中需要扮演多重社会角色，比如，他会有自己的家庭，那么也就有责任和义务去赡养家庭；他还会有自己的亲朋好友，那么就有责任和义务去维系亲情和友情。在行政实践活动中，行政人员作为管理主体的责任会与作为普通公民的责任发生不可避免的冲突。

第二种伦理困境是由于本位职责与社会责任发生冲突所引发的。

本位职责是指行政人员在管理科层制体系中，由于其职责位置所决定的需要承担的责任与义务。所谓社会职责，指无论是法人还是自然人的公共管理主体，作为一般社会成员所应当承负的社会责任与义务。对于一个人而言，无论从事何种职业，是否公共管理者，都有其应当承担的社会责任与义务。一般来说，似乎本位职责与社会职责不应当发生冲突，因为履行本位职责最终是为了社会整体的功能，但是，由于局部与整体、长远与眼前等矛盾的实际存在，由于认知上的差异、意志力程度的不同等，在实际生活中本位职责与社会职责之间往往存在冲突，① 这种冲突会导致行政人员陷入伦理价值的困境当中。

　　第三种伦理困境是由于上级角色与下级角色的冲突所引发的。举例来说，一位科长，他认为自己科室的成员这一阶段工作努力，并取得成果，应该通过发奖金等方式予以激励，然而他的上级——局长却认为科室成员作为下属，工作卖力是应该的，是其职责内的事情，不需要奖励。一方面，这位科长扮演着科室成员的直接上级这一角色，这一角色所要承担的责任是把自己视为下属的利益代言人，同时要倾听下属意愿，他应该及时做出维护下属利益的行为选择，基于此，这位科长应该给予下属奖励。另一方面，这位科长同时也扮演着局长下级的角色，这一社会角色要求他应该服从上级指令，配合上级的工作，如果从这一社会角色出发，那么这位科长不能给予其下属奖励。这一情景就使他陷入了是对上负责还是对下服务的两难选择之中，这种两难境地就是角色冲突。另外，从我国的

---

① 万俊人. 现代公共管理伦理导论 [M]. 北京：人民出版社，2005：242.

实际国情来看，政府组织要在党的指导之下展开行政实践活动，政府的合法权利大部分来自党的方针政策。在我国，行政领导权力的最终委托人是公民，由全国人民代表大会制定的法律规定了行政领导的职责。那么，就有可能存在忠诚于法律会违背上级职责或者忠诚于上级职责会违背公共利益的情形。行政人员的行政行为必须对其权力委托人负责，然而面对不同的要求，行政人员如何做出行政行为选择，对于他们而言，这种伦理困境是不可避免的。

（二）国家公务人员的权力冲突

这里所说的"权力冲突"是两种或者更多的权力主体强加于行政人员个体的多重责任所引起的冲突，这些权力主体可以是法律制度也可以是上级或下级，还可以是公民。从行政人员个体角度来看，他们将面对多种权力的影响，如前所述，这些权力的主体有可能是多元化的，因而当这些权力对行政人员的行为要求不一致时，就会产生权力冲突。比如，当法律制度要求你这样做而上级却要求你那样做，或者上级给你下达的指令与上级的上级下达的指令相悖，或者当上级给你的指令和公众对行政人员的期望相冲突，更广泛来说，不论何种权力，其主体所限定的服从与忠诚都有可能和个体伦理价值发生冲突。以上这些情形的出现都会使行政人员陷入伦理困境。库珀在"少校、上尉和下士旅塔古"的案例中，就描述了一个中尉在面临三种权力冲突——上级、上级的上级、人事制度——时所陷入的伦理困境。[1]

---

[1] ［美］特里·L.库珀.行政伦理学：实现行政责任的途径［M］.张秀琴，译.北京：中国人民大学出版社，2001：87-91.

陷入权力冲突时所出现的伦理困境主要表现为以下几种形式：

第一种伦理困境是由于两个或两个以上上级的指示不一致所造成的。在这一情景下，行政人员既要对自身的直接上级负责，也要对间接上级或者说上级的上级负责。官僚制组织结构的职责要求就是行政人员要服从其上级。传统的官僚层级将其行政人员分别安排在组织中的各个具体职位上，行政人员通过自上而下的命令链，完成上级下达的任务。然而行政人员有可能会面临多个层级的领导所发出的指令，那么，一旦这多个上级之间的指令相冲突，行政人员就会处于一种责任困境之中。①

第二种伦理困境是由于行政人员既要对组织负责又要对公众负责，这二者责任发生冲突所导致的。行政人员作为政府的公职人员，有责任也有义务去服从、完成政府指令，然而从委托代理理论角度来分析，行政人员作为公众意愿的代理人必须要对公众负责。假如行政人员所在的组织下达的指令不符合公共利益，甚至有可能不合法，行政人员是否还得按照上级组织的指令执行？举例来看，一个国家的公共卫生部门发现有部分人体血液制品被病菌污染，同时封锁这一消息，并且还计划继续向国内或国外销售这些血液产品。这时，作为一名了解这一情况的行政人员，是应该选择忠诚于组织而配合部门工作，还是为维护公共利益而揭发这一消息？②

第三种伦理困境是由上级与公众之间的责任相悖所引发的。由于上级总是以组织身份出现，因而行政人员对上级服从既是基本职

---

① 郭夏娟. 公共行政伦理学 [M]. 杭州：浙江大学出版社，2003：178.
② 高兆明. 公共管理主体职责义务及其冲突的伦理分析 [J]. 东南大学学报（哲学社会科学版）2003，5（1）：14-19.

责也是对组织忠诚。然而假如上级的指令不合理，或者是借组织名义怀有私心的话，作为下级的行政人员就会面临冲突，也就陷入对上级负责和对公众负责的两难困境中。这一困境的产生究其本质来说，是忠诚于组织的行政管理要求和维护公众利益的伦理要求之间的冲突，对行政人员而言这是一个严峻考验。这两种要求都是有其价值的，首先，对"上"负责，是行政组织系统能够正常运转的基本保证；其次，对"下"负责，是行政人员为公众服务宗旨的体现。在这一情景下，行政人员要做出合理选择不是轻而易举的，而是要面对一系列责任冲突所引起的伦理困境。

（三）国家公务人员的利益冲突

利益冲突在现实社会生活中是广泛存在的现象，不论行政人员是否愿意，作为社会中的一员，他都不可避免地会遇到社会生活中存在的利益冲突。利益冲突也可以看作是矛盾的一种。那么从矛盾的角度来看，利益冲突应该是无处不在的。也就是说，在人类社会中，只要是以群体形式生活就会产生利益上的矛盾，每个个体在社会生活的过程中都会因为这样或那样的原因卷入到利益冲突之中。

不同的客观责任将会代表着不同的利益，那么当多种利益发生冲突时，也就是客观责任冲突的外在表现。据此，在行政实践活动中，我们可以通过利益冲突的角度来分析客观责任冲突，大多数客观责任冲突的本质都可归结为是利益引起的冲突。伦理道德的冲突可以在利益冲突中体现出来，也就是说，这种冲突实际上是不同价值体系的冲突，甚至在同一价值体系中不同的伦理道德要求也会产生对立。①

在公共行政的实践活动中，行政人员所做出的行政行为都会或多或少地关乎着公共利益，行政人员作为其行为的载体必然要承担相应的行政责任，不可避免地就会面临多重的利益，需要对多重利益做出权衡之后再进行行政行为选择。这些利益关系有可能是组织利益与国家利益、组织利益与公共利益以及组织利益与行政人员个人利益等。② 英国著名哲学家罗素曾就政府与个人之间的关系时说："假如没有政府，绝大部分人们没有生存下去的可能，即使有少部分人生存下来也是苟延残喘的生存状态。当然也要看到，政府的存在不可避免会造成权力的不均等，权力的拥有者很可能会借助于这一权力满足自身欲望，而这些欲望往往与公众的欲望相悖。"③

不论在何种利益关系中，矛盾和冲突都是很难完全避免的，这正是行政管理这一行为活动存在必要性的现实根源。那么，妥善处理好这些利益关系，及时消解已经产生的冲突，不仅可以保障公共行政的有效性，更能使行政人员的行政行为趋于合法化。所以，作为公共行政管理者，必须要有较高的决策水平、伦理自主性，同时遵循职业的伦理操守，只有这样才有能力去保证行政行为选择的合理性。

---

① 王伟，鄯爱红. 行政伦理学 [M]. 北京：人民出版社，2005：312-314.
② 窦炎国. 论行政行为的伦理决策 [J]. 河北学刊，2005，25（3）：138-141.
③ 伯特兰·罗素. 权力论 [M]. 北京：东方出版社，1988：2.3.

二、外部困境：行政伦理立法缺失、行政责任追究不足等

"塔西佗陷阱"定律的核心应该是诚信，可以解读为：当公权力遭遇公信力危机时，无论是说真话还是假话，不管是做好事还是坏事，都会被认为是说假话、做坏事。

中国传统政治伦理文化适用的是家国一体化的社会结构。这种政治道德化、道德血缘化的政治运作模式，由于是以血缘家族为根基、以亲缘等级为内容的人治，因此必然与市场经济要求的公正、自由、平等的法治精神相悖。在中国长达两千余年的官僚地主阶级的统治中，形成了一种独特的官场文化即"官文化"，权力运作的任意性与私密性是其中的一个重要特点，它强调权力运作中当权者、掌权者意志独断的无约束性与无制衡性。"官文化"中还存在着强烈的"官本位"意识，为官者以"民之父母"自居，并以"官贵民贱""官大为尊"为行为准则。这种以官为主体、以为官者的利益为核心的官文化随着封建制度存在了两千余年，而且作为一种文化遗传对我国的文化产生了深远的影响。

遇到伦理困境时，常见的解决方法是道德中立和伦理妥协。前者是指在道德冲突中，公职人员选择缄默；后者则指公务员在政府行政选择中不得不放弃某些行政伦理准则，以便维护更高的行政伦理和社会利益准则。

第一，行政伦理规范作为对行政人员及其行政行为的道德要求，植根于行政管理过程中的伦理关系，是反映行政管理职业伦理关系及其客观要求的行为规范。

第二，行政伦理规范作为客观的社会关系的反映形式，作为客观的行政伦理关系和行政道德要求的反映形式，是行政人员及行政体系各部门对行政伦理关系主观认识的结果，它必然包含着行政人员作为道德主体的抽象、概括、判断等思维活动，并以行政伦理概念、行政伦理范畴、行政伦理判断等主观形式表现出来。在越是发达的社会、越是成熟的社会关系中，就越会超越约定俗成的形式，越会变成人们有意识的主观选择。

所以，行政伦理规范在形式上是主观的，是主观形式与客观内容的统一。

（1）行政伦理规范的他律和自律所指的是行政伦理规范的作用，属于功能的范畴。行政伦理规范的他律性来自行政伦理的社会历史本质，而行政伦理规范的自律性则是行政人员主体性充分发挥的结果，他律与自律的统一，是行政伦理规范内在本质的现实展现，这也是行政伦理规范与社会其他规范相区别的重要特征。

（2）他律与自律：所谓道德他律，就是指道德或伦理规范对道德主体的外在约束性和导向性，外在约束性即指人或道德主体赖以行动的道德标准或动机，受制于外力，受外在的根据支配和节制，外在导向性则表现为道德主体的行为受伦理规范的引导。道德自律是指道德主体的道德自觉性，强调道德主体自身的意志约束，其集中表现即是道德良心。从人的道德成长规律来看，他律阶段是达到自律阶段的必经阶段和必要前提。

（3）行政伦理规范的他律性主要是指行政人员以及他的行政行为选择需要根据行政伦理规范做出。总的说来，行政人员的行政管理活动有着行动的规则和标准,要受到来自社会、政府、行政机构、行政职责等外在要求的支配和约束。也就是说,行政人员只要选择了行政管理作为自己的职业,就必须无条件接受这些外在客观力量的约束。行政伦理规范对行政人员的约束,并不是自然而然地发生作用,而是凭借权威力量和惩罚机制发生作用的。只有经过这样一个外在的强制力量支持的阶段,人们才可能学会自觉地遵从规范行事。

(4) 行政伦理规范在约束行政人员的行为时,同时又在引导着行政人员的行为,约束性和导向性相互依存、共同作用,没有约束,导向就失去了自己的轨道,导而无方,毫无意义可言;没有导向,约束也同样失去了指定的目标,约而无向,也无意义可言。约束性是从不应当的角度来理解行政伦理规范,导向性则是从应当的角度来理解行政伦理。行政伦理规范他律性的完整表达形式就是在行政管理活动中对行政人员及其行政行为的约束性与导向性统一。

(5) 行政伦理规范的自律性与他律性相伴而生,他律性是自律性生成的前提和基础,而自律性是他律性发展的归宿和必然结果。停留在他律阶段的道德规范,无论行政人员怎样尽职地遵循它,它终究是一种外在于行政人员的"异己"的力量;只要行政人员还未将行政伦理内化为自己的道德品格,行政伦理规范的伦理性就是不完全的。行政伦理规范的他律性向自律性的转变,主要表现在行政人员行为的动因由最初的外在约束和导向转变为内在的自我意志(认同、行为立法、对爱好和欲望的合理节制)。

(6) 行政伦理规范由他律转化为自律,体现了行政人员在道德实践活动中主体交互运动的完成,以及自我道德人格的最终形成。

三、行政合法性与合理性原则；控制行政自由裁量权等

行政法应该包含哪些基本原则，行政合理性原则是否应该作为行政法基本原则以及行政合理性原则的含义是什么，学界对这些问题进行过一番探讨争论。从20世纪80年代初期把法制的一般原则如"法律平等"和作为一般政治宗旨的"为人民服务"原则当成行政法的基本原则，到把宪法原则和行政管理原则作为行政法的原则，再到真正确立中国行政法的原则，中国大陆的行政法学界经历了10年左右的探索，到20世纪80年代末90年代初，行政法治原则作为行政法的基本原则，为中国行政法学界所共认。它的两项基础性操作原则——合法性原则与合理性原则，都已被写进了《行政诉讼法》。20世纪90年代以后，中国的行政法学者几乎公认"合理性"原则是行政法治总原则下的一个基本性具体操作原则，具有重要的意义。合理性原则之所以得到法律学界和行政学界的公认，用陈端洪先生的话说，是"因为他们意识到成文法的局限性和控制行政自由裁量的必要性"。

第二节　行政伦理法制失范
——行政权异化或行政违法

行政伦理是指行政工作人员的职业道德，它是一般社会道德在行政管理职业上的特殊表现，是行政人员在从事行政管理工作时应

遵循的行为规范和道德要求。行政伦理实践关乎民心向背和国家兴衰，影响行政管理效率和管理效益的提高。行政伦理失范对行政管理构成严重挑战，有可能造成政策执行走样、行政效率低下、专业水准降低和公信力丧失，其结果会带来行政权力的合法性危机，最终导致行政目标难以实现。因此，必须重视行政伦理失范问题，并加以克服、治理。

一、行政伦理失范的表现

"行政伦理失范是行政权力的一种异化现象"，它是指在行政权力的运作过程中，行政主体置行政伦理的规范与原则于不顾，公共权力被用来满足私利、损害公共利益的行为。本来是国家及其工作人员按照国家利益、人民利益至上的原则行使行政权力，但是发展的结果却变成了异己的力量，超出了政府的控制，行政权力变成行政主体损害国家及公众利益、谋取私利的工具。综观行政道德失范现象发生的领域和现实中发生的案例，目前行政道德失范的现象大体可以分为权力寻租型、公贿型、贪污腐化型、卖官鬻爵型、渎职型、官商型等几类。不过无论哪种类型的行政道德失范，其实质都是一样的，就是行政主体放弃或违背了行政权力的公共性，进行非公共的活动，为自己谋取私利，最终导致行政腐败。它的危害极大，致使行政效率低下，政策执行走样，行政目标难以实现。长此以往，公众势必会对政府失去信任和信心，严重者则会引发社会动荡。以下介绍几个典型的行政伦理失范的表现：

（一）权力寻租泛滥

权力寻租又称"权力设租",是指政府组织及其行政人员利用行政权力为部门窃取公共资源,为自身谋取私利,侵害和损害人民群众的利益,以实现本部门或个人利益的最大化。个别行政人员在运用权力的过程中将市场的交换原则带入行政管理过程中,通过"买卖"自己手中的权力获取高额回报。寻租问题渗透于社会生活的各个领域,几乎一切权力存在的地方,都存在寻租问题。在每一个政府层级中,都有借助行政权力追求自身经济利益的行为。一方面寻租者通过寻租行为获得一些支配稀缺资源的优先权,使自己在该领域中取得垄断地位。这样,市场就难以发挥其资源配置作用,而是由寻租活动来支配,从而降低了资源的配置效率;另一方面,他们把本来可以用于生产性活动的资源浪费在一些无益于社会发展的活动上,如寻租者进行游说所花费的时间与精力等。权力寻租不仅会造成资源浪费,而且还会导致民众对政府失去信心、贫富差距拉大乃至社会不平等等恶劣的社会问题。

（二）官员群体化腐败频发

湖南省耒阳市矿产品税费征收管理办公室,因集体贪腐曝光而被网友称为"史上最肥科级单位"。据了解,在这个小小的科级事业单位里,770多名干部职工中竟有超过百人涉嫌贪污受贿、有55人被立案调查。从主任罗煦龙到8名副主任以及下属各站点的站长、班长,各层级干部几乎"全军覆没"。

在国家级贫困市河南省信阳市发生的"史上最牛别墅事件"就说明了这点——11套处级豪华别墅所占土地是信阳市国土储备中心在2004年花3000万元巨资收购的，原本计划拍卖，但土地被信阳市国土资源局的领导看上，取消了拍卖，而用于建设局处级领导别墅群，并且在分配给领导时，仅收取建筑成本费每套20万元，而当前实际价值约200万元。

信阳市纪委、监察局对这一起典型的集体腐败事件的处理是这样的：责令11名干部停办手续、补齐房款、相关领导写深刻检查，最严重的处罚是给予其中一人警告处分。

四川绵阳白庙收费站上至站长、副站长，下至票管员、收费员，20多名工作人员因集体向过站司机卖假通行发票，短短两月就涉嫌贪污过路费数万元。而他们这样做的理由竟也是将所得"收入"作为员工的"福利"。（2007年8月15日《华西都市报》）

公款吃喝是集体腐败的另一个形式，一个单位只要有钱就可以大吃，甚至没有钱也要大吃（欠着吃、借钱吃），因为吃是不违法的，没听说过有哪个单位领导因大吃大喝被法办。所以大领导大吃，小领导小吃，一般干部一般吃。不是吃的发票也可当餐票报销，就是领导们自己购物的钱，向上级送礼金的钱，也可开张餐票去单位报销，总之，开餐票报销是当今最保险的腐败。有全国每年公款吃喝3000亿元的说法，其实这还是个保守的数字，实际上每年公款吃喝远不止3000亿元。

集体腐败不是以个人行为为主体，而是遵循"利益均沾"原则，即建立一个"集体利益共同体"，凡是参与者有福共享、有难同当，故"一损俱损、一荣俱荣"。其表现形式有集体行贿、集体截留、集体贪赃、集体渎职、集体造假、集体浪费……总之,都是以"集体"的名义进行。"组织性",一般由一级组织做出决定,或经过代表组织权力的"一把手"默认、暗示,也就是说,是在一定组织的权力参与下完成的。"整体性",所有参与者在共同意志的支配下形成一个整体,既有一把手撑腰、班子成员合谋,又有下面的人配合,上下其手,整体协作。"公共性",腐败的主体是执掌公权力的群体,其利益的获取则以损害公共利益为代价,是对公共利益的转移和切换。

  贪污腐败是社会的一颗定时炸弹,它严重威胁着社会主义国家安全,对社会秩序造成极大的破坏,给党的事业造成无法估量的危害。转型时期,我国实行对外开放政策,目的在于借鉴和利用世界各国一切现代文明成果。与此同时,部分党员干部不能有鉴别地吸收外国资本主义的东西,对资本主义乘虚而入的腐朽思想和生活方式照单全收,出现了部分党员、干部贪污受贿、以权谋私、权钱交易等现象。在追求民主法制和依法行政时,出现了行政权力被少数人所窃取,并服务于少数人利益的问题。在试图通过分权解决高集权、低效率的问题时,出现了很多个地方集权,并运用该权搞地方保护主义和以权谋私,破坏了市场经济的健康发展。许多利益主体为了获取高额利润,运用各种手段引诱行政人员违法乱纪,一定程度上扰乱了社会主义市场经济秩序。虽然我国近年来不断加大反腐败斗争的力度并取得了很大成效,但我们也应清醒地看到腐败现象从未销声匿迹。为了避免腐败行为向更多、更广的部门蔓延,必须加快治理、解决的进度。

(三) 选择性执法:"钓鱼"执法中的行政伦理困境

1. 实体正义与程序正义选择的困境

"实体正义"和"程序正义"是源自法律的理念,应用在本文"钓鱼"执法事件上,我们可以理解为目的与手段的关系,即"钓鱼"执法这种执法方式的直接目的是为了调查某些极具隐蔽性的特殊违法行为,最终目的是为了维护社会秩序和公共利益,其目的是善的,但执法人员采用了不合理的取证手段,甚至使用了缺乏道德性的行政行为。孙中界事件值得我们思考:行政执法人员在日常的执法过程中,很多时候都会遇到这样的困惑,到底应该是追求目的的善而不择手段,还是应该看着社会秩序混乱和不公平现象而摇头叹息,这是一个十分现实的行政伦理问题。在"钓鱼"执法中,为了维护公共利益所使用的执法手段却侵害了当事人的合法权益,可是不用这样的手段又很难保障公共利益的实现,这是一个选择的困境。

2. 执法主体"公共人"与"经济人"角色的冲突

执法主体"公共人"与"经济人"角色的冲突,是行政人员角色冲突的其中一种表现形式。执法主体作为个体的公共人,同时也具备"经济人"的属性,即有追求自身经济利益最大化的倾向。库柏认为,公共利益无疑具有价值优先性。但是,公共选择学派却认为,"公共人"也会将个人利益凌驾于公共利益之上,维护公共利益只是被当作实现自身利益的手段或途径。回到案例"孙中界事件"

上来看,有资料揭露是由于上海市交通管理局背后一系列的经济利益链条所致,从伦理的角度看,执法主体在执法时既想维护公共利益,又想最大限度地保障个人的经济利益,这种在公益和私利之间的道德判断和选择虽不被大多数人理解,却也确实是个难以避免的行政伦理困境问题。

(四)授权及委托执法:行政执法过程中的"临时工"暴力现象

2010年11月9日,河南中牟县76岁的菜农张会全在卖红薯时,被执法城管掀了菜摊,连连扇脸,后有关部门称打人者为临时工;2011年9月,江西修水县一女子到派出所为孩子办户口,与户政人员有所争执,办事女警竟然发怒拿起台面资料砸向办事居民。修水县公安局回应,已将"发飙女警"蒋某辞退,蒋某为聘用人员,并非在编警察;2012年3月,温州公交车司机撞死3人后逃逸,官方称肇事者系临时工;2013年5月31日,陕西延安市发生"城管跳脚踩商户头部"事件。延安市城管局回应,包括踩人城管在内的4人均为临时聘用人员。另据《新京报》记者披露,延安市城市管理局参与一线执法的城管队员超1/4是协管员,属于临时聘用人员。该市城管监察支队目前正式在编人员139名,协管员55名;2014年4月9日,福建马尾亭江集贸市场,城管与一名摊贩发生小冲突后,一名老人上前劝架,疑因遭到城管方面人员的殴打,当场不治身亡。马尾区政府在微博通报中提到两位伤人者的身份是该地区的"市容协管员",而不是此前媒体报道中提到的"城管人员"。而"市容协管员"是政府聘任的临时工,没有编制。

临时工，一个在法律意义上并不存在的用工形态，如今却大量存在于多个行业，到处都是临时工，并引发"临时工现象"。中储粮林甸粮库几万吨粮食失火是因临时工监管不力，红十字会向国企、老干部捐赠上万辆自行车的是临时工，"中华脊梁"奖的活动文件是临时工伪造的，暴力执法的是临时工，上班打牌的是临时工，违规申请保障房的是临时工，强制拆迁的是临时工。政府临时工，指的是政府机关临时聘任的人员，没有编制。根据我国新劳动合同法，已经没有了"临时工"一说，法律规定用人单位与劳动者必须签订劳动合同，签订劳动合同的就属于单位的正式员工。

政府雇用临时工作人员参与行政执法，临时工们并不具有相关的专业知识、职业道德及执法能力，使得行政执法过程中存在大量违法违规行为，不仅损害了公民的人身财产安全，而且使政府部门和公职人员公信力下降。政府雇用临时工对学历没有要求，以延安为例，城管部门的临时工大多为初中毕业，少数为高中或以上学历。多数部门在招聘时只要求初中、中专或高中以上学历，没有职业技能要求。部分临时工入职后会培训相关的法律法规和执法程序，但多数入职后不进行正规培训，工作仅凭经验。政治工作、党团学习、纪律教育等制度形同虚设，对于随时可能遇到的暴力冲突，也没有任何针对性的防御培训。协管员的队伍设置、人员招录辞退、福利待遇、经费来源、法律责任都没有明确的法律规范。这些制度上的不完善必然导致行政执法的不规范，引发一系列社会问题。

（五）行政性垄断：破坏市场竞争秩序，民间资本"玻璃门"现象

尽管行政性垄断与"玻璃门"同是社会主义经济制度的重要难

题，但在影响逻辑过程中，核心还是行政性垄断，在本节第一点总结中也已特别提出，在此主要分析行政性垄断对社会主义经济制度的主要影响并作梳理分析。由于行政性垄断主要是通过滥用行政权力来限制竞争，拥有特定资源的人自然会与行政性机构合谋，政府在政策制定与执行过程中，通过制定、专营、授权等多种形式，阻碍效率提升、技术进步，造成社会福利损失，损害市场秩序等，成为我国经济可持续发展的最大内在危害。

行政性垄断牵扯太多的地方保护主义，不利于全国统一市场秩序的形成。在计划经济时代，我国市场分割极其严重。2001年，我国正式加入世界贸易组织，并向国际社会承诺将在随后的十几年间逐步开放市场，采用非歧视性原则，包括改革关税体系，废除和停止实施与世界贸易组织规则相抵触的法律、法规和规章，但实际上，我国内部地域上的市场分割远未因为"入世"有很大改观，全国性统一市场配置资源的机制并没有有序实现。各级地方政府多采取保护主义政策，使地方政府利益最大化，行政性地划分市场。

行政性垄断阻碍公平市场秩序、公平权利的获得，同时滋生腐败。公平意味着权利的平等拥有，意味着资源的平等拥有，意味着政府与市场主体之间的关系应该是清晰的，政府应该担任裁判员角色，而不应该是运动员角色。市场主体是竞争者，是运动员。而事实上，政府之所以参与市场行为，插手企业之间的竞争，也是因为政府的行政性优势，这种优势不断深化，就形成强制性垄断，公平市场秩序也就自然衰退。在我国特殊的转轨经济中，最典型的就是官员对经济资源的配置能力远大于市场主体，包括不受监督与约束，或者是即使有形式上的约束，但市场主体行使公平秩序的权利会耗费巨大的成本，造成市场主体创新动力不足，自身的利益极容易面临中央及地方各种不确定性政策的影响。民间资本要想发展，必须在资本与财力积累过程中向官员靠近，争取官员在行政性领域给予支持，企业在与政府关系的稳固上投入巨大。如此恶性循环，对于新进入行业市场、开展纯市场性竞争难度更大，不利于企业专注技术创新和产品研发。长期下去，不仅仅市场秩序，连市场最基本的诚信、信用也会不断沦丧，公平秩序与权力只能成为想象中的一种逻辑。

同时，这个过程必然伴随大量的腐败现象出现。行政权力可以通过垄断价格、掠夺性定价、价格串谋或价格协议、价格歧视、变相收费等手段获取超额的垄断租金。以公共机构名义、凭借公共机构手段获取超额垄断租金是一种赤裸裸的、光天化日之下公然进行的掠夺性腐败，甚至一些国家机关工作人员也贪污受贿、权钱交易、以权谋私。

二、行政伦理失范的原因

(一) 行政环境的影响

行政环境包括社会文化、经济、政治等环境。社会文化环境主要是指长期历史发展过程中积累和形成的带有社会普遍性的心理、思想和行为定式、习惯，比如中国传统文化的"官本位"和"人伦文化"的影响，使官员很难将自己作为官员的角色同其作为别人亲朋的角色分隔开来。经济环境的影响主要是因为我国处于转型期和国际化趋势的阶段，人们的价值取向随经济发展也向多元化方向转化。并且西方资产阶级的拜金主义、享乐主义、极端个人主义也慢慢渗透到行政管理领域。政治环境的影响是指我国长期以来形成的党政不分等缺陷，对于行政人员来说，容易产生对谁负责的矛盾。

（二）行政伦理体制的制约

行政伦理体制的制约表现在行政伦理规范的体系化和法律化建设欠缺。我国现有的行政伦理规范有《中华人民共和国公务员法》《国家公务员行为规范》等，但比较零散，不成体系，往往多是政治说教，忽视对行为的监督、惩罚。行政伦理规范一直尚未形成制度化和法律化，这在相当程度上制约了行政人员行为的全面性和可操作性。

（三）行政人员人格障碍的诱导

行政人格就是公共行政主体所特有的与社会其他成员不同的内在规定性。所谓人格障碍，是指人所特有的内在规定性发展的不协调，是一种偏离正常的个人风格和人际关系的异常模式，因为偏离了特定的文化和时代背景，人格障碍就造成对社会环境的不适应。人格障碍并不完全是神经系统功能的丧失，它仅仅是存在某种障碍和缺陷，它仍具有一定的辨别能力和控制能力。行政人员也是普通人，一样也会有心理疾病，但我国对此一直没有加以重视。公共行政人员的职责便是为公众服务，为公众争取更多的公共利益。虽然他们拥有别人看来至高无上的权力，挣得可观的薪水，但是，这一工作也包含了一种无法克服的内在困境，即在公共利益和私人利益相冲突时，如何去取舍、调整。当不能妥善处理这一矛盾冲突时，就有可能出现人格障碍。在人格障碍的诱导下，许多行政人员产生了职业生涯的挫折感，为了寻求自己在职业上有所发展而不惜运用各种违法手段，实施违法行为。此外，目前我国为了推进领导干部年轻化，年龄日渐成为一道坎，许多人感到原来的职业晋升期待落空，随之产生很多消极的心理，对工作产生了衰竭行为。这种行政人格障碍将会导致一些大龄行政人员，在自己最后的职业生涯上，迈错步子，踏错步伐，把自己前期所做的一切丰功伟绩都毁灭掉。如一些老领导趁自己离退休前，运用手上权力假公济私、中饱私囊。

（四）对行政人员行为监督的缺乏

近代社会，处于主导地位的行政权力是一种管理权力，它和统治权力不同，并不是通过夺取而被占有，而是通过授权获得的。这种权力并不为权力的执掌者所有，权力的主人与权力的主体相分离，是需要得到监督和制约的权力。行政人员有些违法行为之所以出现，并有所扩展，是因为缺乏强有力的监督机制，这也是导致我国行政人员伦理失范的客观条件之一。行政人员的权力来源于民，也必须用之于民。如果对行政人员的行为监督不够，那么势必会导致行政人员的违法行为抬头，使那些违法人员更加肆无忌惮。虽然我国加强了监督机制的建设，加快了监督立法，但还有许多并未加以实施，仅仅是空谈。为了社会主义现代化建设事业正常开展，必须加大对行政权力行使过程的监督与制约力度。

(五) 传统行政文化的催化

一国的行政体系首先是一个行政文化体系。正是行政文化的不同，才决定了这个国家的行政体系是具有自己特色的行政体系。一个国家体系不仅包括行政机构、行政人员、行政法律和行政制度，还包括根据这个体系建立起来的思想理论和行政行为方式等。思想理论会沉淀为行政人员一定的心理定式，对其行政行为起着决定性影响，尤其是行政人员总是在既定的文化背景熏陶下成长，当他做出行政行为时，文化因素必然会潜在地发挥作用。中国是一个具有两千多年封建专制历史的国家，这既给我们留下了许多宝贵的精神文化财富，也给我们遗留下了不少负面文化。根深蒂固的官本位思想导致一些行政人员缺乏公仆意识，由于官职带来的特殊待遇滋长了某些干部严重的特权思想，利用手中的权力搞特殊化，为自己谋取私利，同时也带来了官僚主义。这种传统的行政文化既阻碍了民主政治的进程，也使行政伦理建设出现困境。

第六章 我国行政伦理法制化实现路径

"法制"一词,在我国古代一般是指设立规范、形成制度,使人们行动时有所遵循的内容。而在现代其含义远远不止这些。根据我国学者陈晓辉在其《法制与法治的辨析》中的分析,法制包含两个主要内容,一是泛指国家的法律以及制度;二是特指统治阶级按照民主原则,把国家事务制度化、法律化,并严格依法进行管理的方式。根据这个定义延伸,那么,法制化的过程就是某项事务管理的制度化、法律化,这不仅仅包括为这项事务管理立法以具有法律依据,而且包括相应的管理机构、司法机构的执法以及司法过程。所谓法制化,就是一种正式的、相对稳定的、制度化的社会规范。行政伦理法制化建设应该至少包括立法、执法、监督三个环节:首先,意味着制定规范或法律,这就是本文的立法部分;其次,行政伦理方面的法律、规范制定后,还要有专门的部门、人员来推动它的贯彻、执行,本文称之为"执法";最后,任何法律、规范要想得到确实履行,还要有人专门监督,这就是监督部分。这三项对于法律的颁布、实施以及真正发挥作用都是不可或缺的,是一个统一的体系。

第一节 行政伦理的立法

对行政伦理的立法背景进行比较式研究，有助于探讨行政伦理法制定的一般规律，即何时才会使国家立法部门深感行政伦理立法的现实必要性。正如上文所言，任何一个法律的颁布都不是某位领导人"拍脑袋"的产物，而是社会现实不断向前发展并在一定事件的推动下产生的。行政伦理法的制定同样如此，它并不是某个国家领导人个人意志的体现，而是社会发展到一定阶段的产物。因此，对行政伦理立法背景及历程的比较研究有其必要性。

一、国外行政伦理立法背景和历程

1. 美国"水门事件"前后

美国有关预防腐败的管理措施在很早就有，如第七任总统安德鲁·杰克逊就已提出——为了防止权力走向腐化的一面，政府的权力有必要由各党轮流执掌。但"用立法来处理公共事务中的道德行为问题首先出现在美国19世纪中期的'后杰克逊思想'时代"[1]。由于当时实行的政治制度是"政党分肥制"，将政府中的职位作为胜利者的"战利品"而被获胜的政党合法瓜分，因此不可避免地会出现下面的问题：由于在这种制度下政治对行政的控制过于强大而使

---

[1] [美]特里·L.库珀.行政伦理学：实现行政责任的途径[M].第四版.张秀琴，译.北京：中国人民大学出版社，2001：130.

得权力高度集中，权力一旦过度集中就必然会引起大量腐败行为活动。从这个角度出发，可以说，政党分肥制仅仅是西方国家的权宜之计，是不得已而为之，是为了实现政治对行政的相对控制、保持政策执行中的连贯性而作的一种制度设计。于是，在这种制度引领社会发展的情况下，人们对诸如权钱交易、利用公共权力谋取私利等一些腐败行为就见怪不怪了。为了在一定程度上改变这种不良社会现象，在1853年至1964年期间，美国通过了第一部利益冲突法规。从这个角度出发，美国将立法视为解决伦理问题的方法的历史已有150多年了。

随后，沿着通过外部控制的方式以求最大化地减少腐败行为发生的思路，美国在19世纪至20世纪中叶通过了不少的法案。如1872年，美国通过的一项"离职后民事法案"规定，联邦政府的行政人员在离职之后的两年内不得作为顾问、律师或者代理人在他曾任职的组织的未决案件中提起诉讼请求。

但是，上述的一系列管理制度均未遏制"腐败"这一毒瘤的恶化。第二次世界大战之后，美国的政府腐败案件层出不穷，上至总统，下至普通行政人员。这些现象招致公众的严厉批评。杜鲁门在其任职期间也由于政府层出不穷的丑闻而声誉大跌。面对这种不良社会境况，1951年参议院举行了对联邦政府公共管理中的道德状况的听证会，在听取多方建议后，提出了《对改善联邦政府道德标准的建议，包括道德委员会》。这一报告列举出了一些联邦公务员应被解雇的行为。尽管这一建议未得到最后通过，但是它为联邦政府之后的立法工作提供了参考。直到1961年，民主党的肯尼迪上台后，建立相关的政府道德标准才被列入政策议题。上任一年后他就委任了一个3人专家小组,对"伦理和政府中的利益冲突"的问题进行专题研究以改善现存的道德管理,并把纽约城市律师协会的相关意见综合在一起,形成了一个新的"伦理法案"。1965年初,林登·约翰逊总统签署了第11222号行政命令,即"联邦总统道德令"。该命令主要有两个较为重要的内容:第一,明令禁止公务员的一些不当行为,如利用公共职位来谋取私利、通过非官方渠道泄漏政府决定等;第二,"要求联邦政府各部门都要建立一个正式的道德项目,由一名道德官员负责,该官员的首要责任是执行新的行为准则。各机构有责任制定适合于自己需要的规章"①。这一行政命令的颁布,为公务员在工作中解决利益冲突提供了指南,同时也扩大了伦理适用的范围。但是,这一管理制度实施的效果也不是太理想,未能达到初衷。

尼克松总统上台之后,对行政伦理的制度化建设并未施展身手,反倒是他导演的"水门事件"让美国人民深感政府腐败问题的严重性,使行政伦理上升到法律层次的必要性更加强烈。"水门事件"堪称美国最严重的政治丑闻之一,让美国人民清醒地认识到政府道德败坏的严重性。在这种历史背景下,美国的一个非党派院外活动组织——同道会(Common Cause)对联邦政府长期调研并于1976年发表了"利益冲突报告"。在这篇报告中阐明了一个严重的问题:违背利益冲突法规的人很少被起诉。在卡特总统上台之后,就开始着手

---

① 严波. 浅析和谐社会中的政府行政伦理建设——美国经验的启示 [M]. 国家教育行政学院学报, 2006 (10): 75.

这方面的工作,试图进一步推进联邦伦理立法。

1978年10月26日是一个让美国人值得记忆的日子,也是行政伦理界需要共同关注的日子。这天,卡特总统签署了"1978年政府伦理法案",美国国会通过了历史上第一部伦理法——《美国政府行为伦理法》,它也宣告了伦理法制化的实现是完全有可能的。

1989年接替里根的布什总统决定推行其道德改革计划,"在其宣誓就职的当天,直接任命了一个由8位专家组成的总统道德委员会,要求其在15天之内提出一套新的道德准则,以保证政府工作'更严格、更令人满意、更有成效'"[①]。1989年4月,布什总统就迫不及待地向国会提交了《美国政府行为道德改革法案》,并最终得到国会的通过。这一法律的适用范围扩大至立法部门以及司法部门,从而使得美国立法、行政、司法三大机构的工作人员都需要接受道德标准的约束。之后,为了使得该法的操作性更强,由政府伦理办公室制定的《美国行政管理伦理指导标准》得到通过。在老布什之后,克林顿、小布什对有关行政伦理法也做了一定的修改,但修改的内容都很少。

2. 韩国的"社会净化运动"

韩国自1948年8月15日独立以来,一直注重反腐倡廉工作。而且,"在美国的影响下,韩国社会的方方面面迅速向西方文明制度转变,学习、借鉴和利用西方制度模式的进程加快,特别是法制化进程加快并且程度也较高"[②]。纵观韩国建国之后反腐立法的历程,可

---

① 王伟. 美国行政伦理的立法、管理与监督 [J]. 新视野, 1996 (1): 57.
② 袁准. 中韩行政伦理比较及其启示 [J]. 理论界, 2006 (12): 226.

以看出韩国政府一直都在努力地进行反腐败的工作。

在李承晚统治的第一共和国时期,韩国政府于1950年通过并发表了《公职伦理确定宣言》,其中包括诸如廉洁、公正等现代公共行政要求的内容。而在第二共和国期间,张勉上台执政的一个鲜明的口号就是"反腐败",在其执政后不久就制定了一揽子反腐败法规。如《公务员财产登记法案》要求公务员登记包括有关房地产、债券等财产。但"由于当时政治秩序的混乱,这一法案并没有得到国会通过"①,因此,许多反腐败的法规并未得到真正执行。随着以朴正熙为首的军人发动军事政变并推翻张勉文官政府,韩国也就随之进入第三共和国时期。朴正熙上台后,尽管将其工作中心定在经济的发展上,但是"随着政企关系的密切,经济力的高度集中,行贿受贿、靠优惠融资等不正当聚财的现象开始发生"②。因此,朴正熙不得不推行自上而下的强硬反腐败政策,如强化"垂直集体责任制",即对出现腐败现象的责任监察员和二级责任监察员进行连带处分,特别强调对出现腐败现象的上级和同级监察员的同等处罚。在朴正熙被暗杀后,全斗焕上台伊始,雄心勃勃地表明自己反腐败的立场,表示要"开创一个廉洁政治的时代","要把国民从政治镇压和滥用权力中解放出来"。全斗焕成立了社会净化委员会,发动了一场声势浩大的"社会净化运动"。

在这场运动中,大量的政府官员由于其腐败行为而遭到指控并最终落网。随后,韩国政府又对国家高层官员进行了一场群众性的

---

① 任勇. 韩国反腐败进程及其经验 [J]. 国际资料信息, 2007 (4): 9.
② 任勇. 韩国反腐败进程及其经验 [J]. 国际资料信息, 2007 (4): 9.

再教育运动,对这些高官进行为期3天的内容为早操、环境清理和良好生活方式的集中训练。"社会净化运动"一改之前反腐败的立足点,而将重点转向为行政人员树立良好的伦理观而进行了各种预防性的监察活动。与此同时,韩国政府也不忘制定相关的法律制度以改善之前的腐败现象,其中最重要的莫过于1981年12月31日颁布的《公务人员伦理法》,该法包含三方面的内容:公职财产登记制度、礼物申报制度和就业限制制度。该法也实现了对良好的伦理观的法制化。这一法律的颁布,也标志着韩国对行政伦理制度建设的高度重视。但由于制定的目标过高,加上全斗焕家族出现严重的腐败现象,这一良好法律并未得到有效的执行,反腐工作也以失败而告终。之后,卢泰愚在其基础上加以修改,颁布了新的《公职人员伦理法》,主要是要求政府高官的财产登记也需公开,但同样由于自身的不良行为,整个反腐工作也并未取得进展。

1992年,金泳三作为二战后第一任民选总统,将清除腐败作为政府的三个重大任务之一来抓,从总统,到总统的亲信及家属,再到普通的公务员,均要求公开财产,简化礼仪。在行政措施之余,金泳三不忘加强法制建设,其中对之前颁布的《公职人员伦理法》就修改了三次,并建立了一个重要的执行机关——公职人员伦理委员会。

1998年,金大中当选总统,发出"与腐败斗争到底"的口号,宣布要彻底清除政府腐败。在对历史上反腐工作的反思基础上提出要制定一部规制一切腐败现象的综合防止腐败专门法——《防止腐败法》。这部法律于2001年得到国会通过。金大中的反腐政策强调可行性，强调对腐败现象发生原因的分析，并将重点放在预防，而非惩治上。这一政策的推行效果明显，韩国反腐败的成效也比较显著。之后，在卢武铉的领导下，韩国的反腐工作取得了更大的成效。

3. 日本的"集团渎职"现象

二战后，日本对本国的诸多制度都加以重新颁布或完善，而有关国家公务员伦理方面的制度首先出现在《国家公务员法》中。如该法第96条第一项规定：所有职员（公务员）作为全体国民的服务者，应为公共的利益而工作。并且，在执行公务、履行职务时，应竭尽全力，专心致志。但是，这一法律对制止公务员腐败行为的发生并未取得预期效果。尤其是20世纪90年代以来，随着日本经济的快速增长，"以泡沫经济为背景的政府的公共事业中的公务员的收受贿赂事件，即渎职事件在不断出现，而且这种渎职以'集团'渎职为代表"[①]。如1995年，两个东京信用组合向某省主计局次长和东京海关关长提供不当接待，并且为其从事副业提供便利。1996年11月，彩福祉集团事件更是让人们意识到行政腐败问题的严重性。在这种历史背景下，日本政府的直觉反应是首先强化现有公务员制约体制，提出并实施《关于为恢复国民对行政及公务员信赖的新措施》。根据这一措施，中央各省厅需要以命令的方式制定并执行公务员伦理规程，同时通过举例的方式列举公务员与相关从业者之间严禁发生的一些行为。例如，本省厅课长以上公务员的禁止行为包括：接待、餐宴、娱乐、履行、临别馈赠、礼品、讲演或投稿的报酬、

---

① 周实，刘亚静. 日本《国家公务员伦理法》的特征及启示 [J]. 东北大学学报（社会科学版），2006（1）：56.

金钱的赠予、债务的转嫁、不等价劳务的提供、不等价不动产或物品的借贷以及未公开股票的转让等一切接受业者提供利益或便利的行为。在日本政府加强了对公务员的制约后，公务员腐败现象理应减少。但是，从现实看，有关政府腐败丑闻并没有因为制度的强化而得到消减。譬如1998年9月3日上午，东京地方检察厅特别搜查部（下称"特搜部"）的60名官员分乘两辆面包车进入位于东京港区赤坂的防卫厅，对该厅的核心部门军需品采购实施总部以及官房长办公室、装备局长办公室强行进行搜查。9月14日又对防卫厅进行了更大规模的搜查。在此期间"特搜部"以渎职罪嫌疑先后逮捕了防卫厅采购实施总部前部长诸富增夫和前副部长上野宪一以及NEC公司前专务理事永利植美等9人，等等。因此，人们再次对政府所颁布的公务员伦理规程的现实有效性产生怀疑。面对全国人民的质疑，为较少甚或杜绝屡禁不止的政府腐败现象的发生，为根治官僚丑闻不断的土壤，同时在世界经济合作与发展组织理事会通过了《公共服务伦理管理原则》（其中第二条原则强调"行政伦理规范应该纳入法制框架"）之后，日本国会决定效仿美国的做法着手制定公务员伦理法。此后，在野党和执政党分别单独列出伦理法案，并不断地达成共识，最终对行政伦理法的认识接近一致。在经过众议院和参议院全体会议讨论并通过之后，一部行政伦理法在日本问世——1999年8月公布的《国家公务员的伦理法》。在此基础上，日本政府又于2000年2月颁布了《国家公务员伦理规程》。

4. 相通之处——腐败现象的屡禁不止

要对美国、韩国、日本三个国家的立法背景及历程进行比较，首先得对其立法背景及历程做一个简单评价及回顾。

　　首先，美国的伦理立法历程较长，但美国早先就已制定了相关的伦理制度和相关的法律法规。但是，这些伦理制度和法律法规尽管发挥了一定的作用，效果却不甚理想。美国政府为了有效地根治这种腐败"毒瘤"，不断地尝试各种办法，诸如加强监督力度等，但是，真正对美国伦理法的制定起推动作用的莫过于"水门事件"的发生，因为它严重威胁到了人们对政府的信任度，让人们对政府的信任度降至历史最低点。于是，在这一历史背景下卡特总统签署了在借鉴前人有益的经验基础上而制定的《政府行为伦理法》。而正是这一法律的通过，宣告行政伦理法制化成为现实。

　　再来看韩国，韩国在独立之后同样经过多次反腐倡廉的尝试，在一次又一次的失败之后并在全斗焕直接推动的"社会净化运动"的背景下制定了《公职人员伦理法》。尽管全斗焕自身有诸多的缺点，同时其亲戚、家属等也出现了较为严重的腐败行为，但是他的《公职人员伦理法》得到了历史的积极评价。在他之后的诸多总统也都加入完善这一法律的进程中来，以使得韩国的行政伦理法制化更加现实、更加具有操作性。这一法律的实施，也正是韩国政府腐败现象急剧减少的助动力。

　　日本同样如此，面对诸多腐败行为，日本早先是预想通过《公务员法》的实施对其加以制止。在《公务员法》实施多年之后，日本政府并未获得预想的结果，反倒是随着社会经济的发展，腐败的种类和数目在增多，腐败行为日益猖獗。从个人腐败，到"集团渎职"，无一不在影响日本政府的形象。在这种状况下，日本政府首先想到的是加强对公务员的制约，强化公务员的制约体制。但是，在其实施后几年里，反腐的效果并未得到明显改善，甚至更加糟糕。正是在这一历史背景下，日本政府与学者们共同探讨反腐败的有效方式，最终日本效仿美国制定了《国家公务员的伦理法》，即通过克服伦理道德不具备国家强制力及其约束力低下的缺陷而以立法的形式来规范公务员的相关行为。

因此，从上面三国的行政伦理立法历程回顾来看，笔者认为，最重要的相通之处在于：一方面，三国政府都是由于腐败现象的屡禁不止而最终选择将行政伦理提升至法律的高度这一途径，都选择了行政伦理立法这一途径，将其作为制止政府腐败行为发生的"一剂良药"；另一方面，在颁布行政伦理法之后，三国还颁布了相配套的法规体系。如美国在颁布《政府行为伦理法》后，还相继在各届总统任期内颁布了《美国政府行为道德改革法案》《美国行政官员伦理指导标准》等；而韩国同样如此，在金泳三任总统期间修改并颁布了新的《政治基金法》，2002年当选韩国总统的卢武铉颁布并实施了《腐败预防法》《公职腐败调查处罚法》等；日本也于2000年颁布了《国家公务员伦理规程》。

二、国外行政伦理法的共通内容

已经实现行政伦理立法的三个国家里，由于各自国家的国情不一，行政伦理法的内容肯定存在不一样的地方，但是，相同的是各个行政伦理法的作用都是一样的，即最大限度地惩罚以及防止行政腐败行为。因此，这三个国家的行政伦理法具有大多数的共通内容，同时为了保证其得到有效实施,也不可避免地需要其他行政法规、规章制度的辅助,即行政伦理法的配套措施——行政伦理法规体系。

1. 美国的《政府行为伦理法》

再看看美国在1978年颁布的《政府行为伦理法》的内容。该法遵循一般法的内容构成法则,先阐述了立法的目的——建立某种联邦政府机构,适当改组联邦机构,对联邦政府的工作进行某种改革,保持并提高官员和国家机关的廉洁性等。其后,该法的核心内容包括三个部分:第一,第一、二、三章分别是对立法机关人员、行政人员、司法人员的财务申报与公开方面的规定;第二,关于政府伦理办公室的设立及职能单独列为一章,即第四章;第三,利用三章的篇幅对关于"前受聘导致的利益冲突"等内容作一规定,即第五、六、七章。

美国的行政伦理法对公务员的财务申报与公开方面的要求较多,不仅需要上报他们自己的经济利益,还需要对他们配偶和子女(包括未成年和成年子女)的经济利益公开,上报的内容主要包括达到上报门槛的利息收入、劳动所得收入、达到上报门槛的礼物和退款、债务等方面,这些财务信息对所有的公众都是公开的,即公众享有充分的知情权。并且,按照为联邦政府服务的时限,财产申报又分为任职财产申报、在职财产申报和离职财产申报三种。

美国的行政伦理法还对相关的管理机构——行政伦理委员会的设立、职权等方面做了较为详细的规定,以给伦理委员会的日常工作提供合法性。该管理机构的职权及隶属关系也随着行政伦理法制实践的不断展开而发生变化,但最终的方向是独立性变得越来越强。

关于前受聘导致的利益冲突方面的规定，美国的行政伦理法用了三章的内容，可见这一内容的重要性。"在美国人看来，利益冲突的出现经常是官员腐败的前奏，也经常是公众不信任政府廉洁性的原因。"① 因此，美国政府非常重视这一方面的法律规定，禁止公职人员参与可能发生公共利益和个人利益的实质性冲突的事务；另外，美国的行政伦理法还对政府部门离职人员的就业做了相应的规定。这一方面是为了防止因公务员利用自身掌握的相关政府信息而影响企业的公平竞争，另一方面也是为了保证相关较为重要的政务信息不被外泄而影响相关政府部门的工作。

美国的行政伦理法对责任追究的规定同样较为严格、细致。一方面，对各种违反伦理法的行为类型的界定较具体、可操作性强；另一方面，惩罚力度大，同时责任承担方式多样化，以真正达到行政伦理法的威慑力。如美国众议院道德委员会调查众议院议长纽特·金里奇的案件。具体事件为：金里奇在当选众议院议长时宣扬其美国梦想，但他随口说出一些公司的名字。随后，众议院的道德委员会开始调查这些公司与议长的关系，随后发现在议长说过的公司里有两家公司是议长就任前，曾向与议长关系密切的机构提供了约6万美金的资助。之后，纽特·金里奇辞去众议院议长及议员的职务。

2. 韩国的《公职人员伦理法》

首先分析韩国于1981年由全斗焕颁发的《公职人员伦理法》，

---

① 蓝艳. 外国财产申报制度对我国的启示. http：//220.162.160.18/show.aspx?id=594&cid=264.

之后韩国政府对此做过几次修订工作，目前实施的为1993年7月金泳三以总统令形式颁布的《〈公职人员伦理法〉实施令》。在本法"总则"中，韩国政府率先指出该法的目的是把公职人员、公职候选人的财产登记和财产登记公开予以制度化；是对利用公职取得财产、公职人员申报礼品、退职公职人员的就业制定限制性规章，防止公职人员不正当的财产增值，确保公务的公正性，确立为国民的服务者即公职人员的伦理准则。该法分六章，标题分别为"总则""财产申报与公开""礼品的申报""限制退职公职人员的就业""补则""惩戒和罚则"。在这部伦理法中，主要的三大制度就是公职人员的财产登记制度、礼品申报制度以及退职后的就业制度。

  在财产申报与公开方面，规定的申报与公开的内容包括本人、配偶以及直系亲属的财产。财产既包括房地产、现金、存款、证券、股份，也包括了宝石、古董以及艺术品；特别要求高级官员的申报结果一个月内必须在官报或者公报上刊载公开，拒绝登记财产的将根据相关规定处以一年以下徒刑，针对提供虚假材料者的处罚措施也一样；除此之外，伦理法还详细规定了对上述财产进行审查的权限，当相关部门（一般指行政伦理法的执法部门）要求得到某位行政人员尤其是政府高官的相关资料时，相应的金融机关的人员不得以任何理由拒绝。韩国的伦理法对礼品的申报规定也较为详细，并具有很强的操作性。该法的第三章对此做了明确的规定："一是公务员、公职有关的团体的人员和职员，接受外国或与其任职有联系的外国人（含外国团体）的礼品，必须立即向其所属机关、团体的首长申报，并上交礼品；他们的亲属接受外国或与公务员、公职有关团体人员、职员有职务上关系的外国人的礼品,按同样规定申报;二是规定申报的礼品应立即归国库。"①

为了防止公务员在离职后泄漏一些政府内部信息而使其从所在单位获利,韩国的伦理法对退职人员的就业范围也做了相应较为详细的规定,不同的职位具有不同的就业限制。对离职人员的再就业范围做相应的较为具体的规定,主要是防止利用原来的工作关系以及相关政府内部信息为自己谋取私利。如该法第四章规定,凡由总统令所确定的机关、团体的官员和职员,自退职日起的两年内,不得到与其退职前两年间曾工作过的部门有密切业务关系并具有一定规模的以营利为目的的私人企业就业。

3. 日本的《国家公务员伦理法》

再来看看日本于1999年颁布的《国家公务员伦理法》。日本的行政伦理法由六章内容和一个附则组成,其中第一至第六章的内容分别为总则、国家公务员伦理规程、赠与等的报告及公开、国家公务员伦理审查会、伦理监督官、杂则。而有关立法的目的同样在该法的第一条就已确认:就这个法律颁布的目的而言,国家公务员是全体国民的服务者,国家公务员执行职务是受国民的嘱托,采取一些措施,为的是保持国家公务员相关职务的公正性,防止影响国民对公务员执行公务的信赖感。从日本国家公务员伦理法的内容来看,主要制度分为三部分:公务员伦理规程、相关赠与的报告及其公开制度以及执法和执法监督的相关规定。在公务员伦理规程方面,日本的伦理法规定内阁需制定出关于为使职员切实履行其职务伦理所

---

① 转引:任勇. 韩国反腐败进程及其经验 [J]. 国际资料信息, 2007 (4): 13.

必要之事项的政令（国家公务员伦理规程），如禁止或限制收受与职员的职务有利害关系的人员的赠与等、不得与职员的职务有利害关系的人员接触，等等。当内阁要求修改或废除这一伦理规程时，必须听取国家公务员伦理审查会的意见。

在相关赠与等的报告及其公开方面，其内容包括赠与等的报告、股票交易等的报告、所得等的报告以及相关报告书的保存及阅览等。如赠与等方面，伦理法规定，"当本省课长辅佐级以上职员收受事业者等的金钱、物品及其他财产上的利益或招待时，在自1月至3月、自4月至6月、自7月至9月以及自10月至12月的各时间段（以下称'季度'），于事情发生的下一个季度的第一天起的十四天之内，将载明法律规定事项的赠与等的报告书提交给各省厅的长官或受其委托者"。可见，日本在需要公职人员公开的内容方面规定得相当详细，这将使执法者具有较强的操作性，从而使得该伦理法得到有效的贯彻实施。

日本伦理法还对国家公务员伦理审查会的设立、权限以及伦理监督官等方面的内容做了相应的规定，以法的形式确立他们的职权。另外，日本对违反行政伦理法的责任承担也做了非常详细的规定。第一，日本伦理法规体系对违反该法规体系的行为类型具有较为详细的划分并且具有很强的可行性，从而充分保证了执法的有效性；第二，日本对违法行为的处罚措施较为严厉，以充分保证法律的威慑力。当然，这仅仅是违反行政伦理法规的责任承担方式的一部分。如果行政人员的行为所造成的后果较为严重，惩罚的力度就相应加大。如日本政府在其《处罚利用公职而获得盈利的斡旋行为的法律》

(2000年12月公布)第一条规定:有关对众议院议员、参议院议员或地方公共团体议会的议员或是首长与国家或地方公共团体签订的买卖、借贷、请求及其他的合同或针对特定者的行政厅的处分,接受请求,依据其权限行使影响力,让公务员在职务上作为或不作为,并接受财产上的利益时,处三年以下徒刑。

三、国外行政伦理法规体系

美国、韩国、日本三国在颁布行政伦理法之后,并未停止其利用伦理制度化的方式抑制政府腐败的步伐,而是在行政伦理法的基础上制定了一系列相类似的行政法规等。

正如在分析美国行政伦理立法背景及历程中分析的,在1978年颁布《政府行为伦理法》后,为使之得到更广泛、更有效的执行,美国又通过了一系列的规章制度。如1984年,在美国第98届国会官员行为标准委员会指导下,制定了《众议院官员行为准则》与《参议院职务行为规则》;1989年,美国国会通过了《美国政府伦理改革法案》;1990年老布什上台后又以总统行政命令的方式,颁发了《政府官员及其雇员的行政伦理行为准则》;1992年美国政府为了进一步提高该类法律的执行有效性,颁布了由政府伦理办公室制定的内容更详细、操作性更强的《美国行政部门工作人员伦理行为准则》。"长达80页的《联邦公报》列举了诸多标准,其所涵盖的行为包括馈赠、财务利益冲突、公正执行公务、寻求外部职业以及对外部活动等等"[1]。"这些行政伦理准则和道德法案为判断公务人

---

[1] 王正平. 当代美国行政伦理的理论与实践 [J]. 伦理学研究, 2003 (4): 25.

员的行为是非提供了具体标准,反映了美国行政伦理发展的历史进程"①。这一系列的法规制度的问世,都体现了美国政府对彻底反腐的决心,同时也再次肯定了行政伦理法及其法规体系的作用。

韩国早先在颁布《公职人员伦理法》之时,由于全斗焕总统自身行为的腐败,其效力一直未得到发挥,反腐效果在总体上并未取得很大进展。直到金泳三就任韩国总统后,对《公职人员伦理法》进行多次修改,最后才发挥了其在反腐斗争中的巨大作用。为了使得财产公开制度得到实施,韩国于1993年开始实行金融实名制,即"所有企事业单位在办理所有金融业务时,都必须使用本人或本单位的真实身份和姓名,使用他人名义的金融业务为非法行为,要受到包括资金来源调查和补税、罚款等处理"②。但是,韩国政府并未就此停止通过行政伦理立法来预防腐败行为发生的步伐,特别是金大中上台执政后,更是加快了这一步伐。作为反腐败与行政伦理制度化建设的一部分,韩国国会于2001年6月28日通过了金大中早先提交的《韩国防止腐败法》,并于2001年11月29日正式公布了这一法律。在该法的第一条中规定,该法的宗旨在于通过预防和遏制腐败行为,确立廉洁的公职及社会风气;该法中的"腐败行为"是指"公务人员滥用其地位或权限,违反法令,为自己或第三者谋取利益的行为;在使用公共机关的预算,接受、管理及处理公共机关的财产或签署并履行以公共机关为当事人的合同时,违反法令,使公共

---

① 魏丽婷.中韩行政伦理制度比较思考[J].科学之友,2006(5):87.
② [美]特里·L.库珀.行政伦理学:实现行政责任的途径[M].第四版.张秀琴,译.北京:中国人民大学出版社,2001:134.

机关遭受财产损失的行为"①。在金大中的领导下韩国的反腐败工作取得了巨大的成效：根据廉政与反腐败透明国际（TI）每年公布一次的调查表明，2002年韩国的腐败指数属于90多个被调查对象国的中游水平，列在第40位，但已经比1999年的第50位有了较大幅度的提高。随后，在卢武铉执政期间，卢武铉领导班子继续沿着前任的反腐思路又实施了《腐败预防法》《公职腐败调查处罚法》《非法政治资金上缴国库特别法》。从这些法规的颁布可以意识到韩国政府坚持不懈地反腐的决心，也再次强调了行政伦理法律作为一种反腐的途径的作用。

日本，同样也是在许多法律实施后对政府腐败的治理效果不佳时，效仿美国颁布了《国家公务员伦理法》。在此之后，2000年又制定并颁布了《国家公务员伦理规程》，以作为《国家公务员伦理法》的补充。这部法令对公务员违反职业伦理的相关行为及其惩戒处分措施作了非常具体的规定。除此之外，关于特别职务公务员在伦理方面制定的法律包括了《政治伦理确定国会议员资产等公开的法律》《政党协助完成法》《处罚利用公职而获得盈利的斡旋行为的法律》等。2001年，日本政府为了扩大国民的知情权，强化国民对行政机关及其人员的监督，又颁发了《信息公开法》，使得公职人员的财产公开制度落到实处。在这一系列法律法规体系共同作用下，日本的反腐工作也是取得了相应的进展。

因此，从这三个国家的立法实践来看，要想真正发挥行政伦理对政府行为的规范指导作用，仅靠单项的行政伦理法是不够的，是

---

① 王伟，鄯爱红. 行政伦理学［M］. 北京：人民出版社，2005：472.

达不到预期目标的，而必须依靠一系列的相关伦理制度共同作用以发挥其效力。但是，光靠一些伦理道德也是不够的，行政伦理没有放在法的高度来指导公务员的行为时，也不能发挥其应有的效力。正如日本学者真锅俊二所言："在决定自己的行为方面，伦理道德只是一种自我约束的力量，这种力量是非常有限的补偿机能。"① 从这个角度出发，行政伦理法与相关的伦理法规体系是相互依存的，二者是作为一套法律规范体系以调节各种利益冲突并指导公务员的相关行为的。

四、经验总结及对我国行政伦理立法的建议

从美国、韩国、日本三国先后颁布的行政伦理法的内容来看，笔者认为，其共通点有以下几个方面：

第一，就立法的目的而言，三者均是为了提高公务员的廉洁度，增强国民对本国政府及其行政人员的信任度，这也是由各国的国情所决定的，也是由于其他各种制度难以有效遏制腐败行为而制定的一种法律。一般而言，行政伦理立法的主要目的无外乎四点："第一，防腐：政府从事伦理立法的目的主要在于防止贪污腐化和各种弊端的发生；第二，提供公务人员行为指南：伦理立法可以使公务人员了解应当做什么，不应当做什么；第三，提供惩罚作奸犯科者的法律架构：伦理立法不仅可以提供惩罚违法者的法律依据，更可以让欲违法者有所节制；第四，保持公众对政府的信心：伦理立法

---

① [日]真锅俊二.现代日本的改革和伦理[J].东北大学学报（社会科学版），2002（1）：46.

可表明政府改革的诚意与决定,维持政府的公平与公正,有助于维持人民对政府的信任"[1]。

第二,就该法规制的主要内容而言,三国的行政伦理法均强调国家公务员的财产申报及公开、礼品的申报、国家公务员退职后的就业等方面,在行政伦理法规制的内容上比较全面且较为详细,在很大程度上减少了法律的模糊性以及不完整性。这三个方面都牵涉到国家公务员在位时的财产利益以及退位后的利益问题。这三方面的规定,一方面使得公务员在位时不敢腐败,在处理各种利益冲突时必须遵循行为准则,另一方面也对公务员离职后的工作等加以相应的规定,在一定程度上保证了政府工作机密或不宜泄漏的信息的保密。这里需要指出的内容是,财产申报和公开的规定,为什么不是收入申报与公开?正如我国学者桑玉成的分析,财产申报的作用和意义都比收入申报要大,因为财产申报"一、可以更加全面地反映领导干部任职期间的经济状况特别是其任职以来的财产增量情况……作为监督审查其廉政情况的重要依据。二、可以保护领导干部的合法财产……三、可以给领导干部一个无形的压力,因为在其任职期间的任何一宗财产的变化都可能会给其带来某些不希望产生的后果"[2]。因此,尽管三个国家在申报的具体项目与形式以及公开的方式等方面不尽相同,但都对"要求申报个人财产收入及申报形式"以及"公务员能否以及在何种情况下能够接受礼品或好处"做了较为详细的规定。

---

[1] 转引:武玉英. 变革社会中的公共行政——前瞻性行政研究 [M]. 北京:北京大学出版社, 2005:147.

[2] 桑玉成. 论"财产申报"和"收入申报" [J]. 探索与争鸣, 2000 (8):25.

第三，三国的行政伦理法都对相应的执法机关做了规定，而不是随便挑选一个行政机关予以执行。确定管理廉政事务的机构及其职责权限相当重要，因为这种机构需要在相当程度上可以保证执法机关的独立性，保证其审查公务员的违法行为、做出相应的处罚决定等不受其他行政机关意志的约束，从而保证该执法机关工作的高效、公平、公正。

第四，从这三个国家对违法者的责任承担方式的规定来看，共同点有两个方面：一、详细规定了各种违法行为类型，在技术上保证了法律的可操作性，避免了"有法不能依"的状况。这一点，在我国有时就表现得不如他国，许多法律的制定出发点是好的，但是操作起来较困难，从而导致最终难以履行。二、针对各种违法行为类型制定了相应较为严厉、具体的处罚措施，在力度上保证了法律的威严性，避免了"有法不怕"的情况。从三个国家这几年的查处腐败案件情况来看，尤其是韩国，许多公务员在法律面前不再胡作非为，不敢再为了一己私利而冒险，在很大程度上降低了腐败行为发生的可能性。

我国已经制定了一些行政伦理方面的法律规范，例如，《关于党政机关县（处）级以上领导干部收入申报的规定》《关于领导干部报告个人重大事项的规定》《中共中央关于党政机关厉行节约制止奢侈浪费行为的若干规定》《关于党和国家机关工作人员在国内交往中收受的礼品实行登记制度的规定》等，特别是《中国共产党党员领导干部廉洁从政若干准则》（以下简称《准则》）的出台，标志着我国行政伦理法制化建设步入了新的阶段。一些地区和部门还结合实际，制定了相应的制度，反映了人民群众对为官从政者行政伦理方面的一些要求。这说明我国行政伦理法制化建设已经取得了一定成就，但这些法规大都比较分散，没有形成完整的体系，对公务人员行政伦理约束的全面性和强制性还不够，这就需要针对有关行政伦理的内容单独形成法律，以增强其约束性。笔者在此对行政伦理法规的内容提几点建议，行政伦理法规管理机构及监督在后文有论述。

1. 与国外行政伦理立法比较，我国应增加内容

国外行政伦理立法和我国行政伦理立法主要都是为了使公务人员能够正确处理公私之间的关系，国外行政伦理立法相对较成熟，我国可以借鉴他们的一些做法。我国已经制定的行政伦理法律规范与之相比，有必要增加以下内容：

①应该对经济利益冲突做相关规定。当公务员自身的某些经济利益与他的职责有关时，公务员应被禁止参与与此项经济利益相关的公务。我国《准则》规定禁止党员领导干部利用职权和职务上的影响谋取不正当利益，禁止利用职权和职务上的影响为亲友及身边工作人员谋取利益，这个范围偏小。如，公务员在参与制定某项政策时，如果这项政策与他本人的某种经济利益有直接或间接关系，从而可能影响到他将来的经济利益，那么就应当要求其回避，否则公务员会被认为利用职权和职务上的影响谋取利益，会造成不良影响。

②国外一般都有限制公务员另寻求职的规定，使公务员不能照顾自己将来跳槽进的企业。我国由于原来实行计划经济体制，国有企业占企业的大多数，政府部门的主要任务之一就是搞好国有企业，

国有企业领导本身就是国家行政人员，所以防止公务员照顾自己将要跳槽进的企业无从谈起。但是，随着现在国有企业不断从某些经济领域的淡出，国有企业的数量在减少，国家在制定行政伦理法律时也应当适当考虑这种情况，对公务员与企业之间的关系做些规定。

③日本规定一定职别以上的公务员要提交赠予等的报告，还要递交股票交易等报告，这样可以防止官员利用政府秘密进行不法操作，这些做法我国也可效仿。

2. 我国已有的行政伦理法规应完善的地方

①《中国共产党党员领导干部廉洁从政若干准则》

a.《准则》中没有对例外情况做相关规定。《准则》规定禁止接受礼物，但有些礼物是属于纯友谊的，应该可以接受。任何事情都有例外，日本和美国政府经过实践检验，都在行政伦理法律中对例外情况做了详细的规定，规定哪些礼物可以接受或者经过哪些部门同意可以接受，这样才更贴近生活与实际，使公务员能够接受，也便于操作。

b. 我国的《准则》是比较全面、具体的，但在有些方面还应该再加以完善。如不准索取管理、服务对象的钱物，这个范围就太宽泛，不便于监督者的监督。并不是所有的公务员都会去要钱物，也不是所有的管理对象都会给，只有在行政人员的行为与管理对象的利益有关时，上述情况才会出现。比如管理对象要办理许可证的情况。应将这些情况逐一具体规定，如规定在公民办理许可或认可等事务时不准索取管理对象的钱物，这样才具有可操作性，监督者也才能更加明确监督内容。

c.关于礼物一项,多少金额的不可以接受,应对金额规定最低线,写入法律。禁止公款高消费、娱乐,应规定具体金额标准,多少算高消费娱乐。更进一步的,应彻底规定禁止利用公款为个人用途使用。

②财产申报制度

1995年4月我国颁布了《关于党政机关县(处)级以上领导干部收入申报的规定》,这与国外的财产申报制度属于同一性质。但近年的实践表明,这项规定还存在着一定缺陷,我国收入申报制度的主要不足在于:第一,申报主体范围有限。就行政机关来说,对县级以下乡、镇基层政府负责人没有规定,其实他们最接近群众,有相当大的权力,很容易产生腐败行为;对申报主体近亲属收入申报缺乏规定。第二,就申报内容而言,只规定四项收入申报而不是财产申报。"事实上,这个制度所界定的'收入',时至今日似乎已没有申报的必要,因为这个范围的任何一项收入,从理论上以及程序上都是单位或组织有案可查的,因而事实上也是公开的。"国外实行的大部分也是财产申报。"在一般的意义上,财产的范围要比收入广泛得多,它可以来源于收入,也可以来源于收入以外的要素,如合法的继承、赠与,当然可能包括那些违法的贪污、受贿等。"收入申报固然可以在一个层面反映领导干部的经济收入情况,但却不能反映其财产增量。因此,我国应实行财产申报制度。实行财产申报也符合我国有关法律,我国法律有规定,当一个领导干部的巨额财产不能说明其来源时,即构成巨额财产来源不明罪,应承担一定的法律责任。第三,在申报时间方面,只规定了现职申报,缺乏就职申报和离职申报，不能全面、准确地反映公务员和领导干部的财产情况，有可能使其不法收入在离职后成为合法。第四，没规定公开申报主体的申报资料。

综上所述，我们建议应对一定职别以上的领导干部实行财产申报，并分为任职前、任职时和离职申报三种。财产申报内容应包括：证券、债券、个人储蓄、房地产、用于出售和投资的收藏品以及任何用于投资或产生收入的财产等，还应包括使用的公共财产，如住房、汽车、通信设备等。

3. 现实情况要求增加内容

对公务人员的道德要求不能凭主观想象，脱离实际，而应该从现实生活中挖掘。"名副其实的、真正的、优良的、正确的道德原则绝非可以随意制定，而只能通过道德目的从人的行为事实如何的客观本性中推导、制定出来。"要从现实生活中总结出公务员应该具有的行政伦理法规。当前现实出现的一些新现象、新问题，迫切需要一些新的法律规范对原有行政伦理方面的法规进行补充。对于当前现实的主要问题，本书提出以下几点，以供参考：

①弄虚作假

政府官员一定要做到诚信。我国古代就曾规定有谎报、虚报政绩罪，法律规定，自报、指使下属或授意他人谎报、虚报均属此列。此罪《唐律》收入《诈伪》篇，《明律》归入"奸党罪"，清代则入《大清律》，虚报政绩，"数字出官，官出数字"是明令禁止的，触犯者要受到严厉处罚。当前我国政府部门弄虚作假现象比较严重，严重影响党和政府在人民心中的形象，对这类情况一定要严厉监督管理、从重惩处。建议将造假的行为列入行政伦理法律中，以便有针对性地进行约束、处理。

a. 假文凭

国家对领导干部、公务员的素质要求很高，并要求领导干部、公务员具有一定的学历。于是有的人为了能够做官，就用假文凭来欺骗国家和政府，还有用假人事档案、假学位、假职称和其他虚假证明材料的，这背离了诚信的原则，扰乱了政府正确的人事安排，应该受到查处。另外除了真正的假文凭，一些假的真文凭也应引起警惕：一些干部采取各种方法来获取文凭，自己参加或不参加学习，而考试、写论文请别人代替，这种行为危害同样严重。"卖文凭"之类行为绝对不是小事，不仅是对知识的亵渎，还给一些人骗"官"、要"官"铺了路，架了桥，遗患无穷。

b. 假政绩

我国现行的干部职务升迁制度主要与政绩挂钩，这无可厚非，能者自然出成绩，自然应该受到重用，但现在一些官员为了升官，虚报成绩或者制造假象来蒙骗组织。据报道，某旅游区全年实际经济收入295万元，但年报上却是1595万元，虚增了1300万元，虚报达440.67%。而像这样的情况，近年来并不少见。当然，有些人报假数字不是为了升官，而只是为了保住官位或为了面子。上级下达了指标，完不成任务过不了关，于是，一些上报就被注入了水，成了名副其实的"虚报"。这样做的结果，因统计不实，往往引起误导，给决策造成失误；与此同时，"上有所好，下必甚焉"，层层加码，层层作假，使华而不实的不正之风蔓延滋长。除了虚报浮夸外，还有一种造假是把政绩摆在大街上,大搞各种劳民伤财的"形象工程""政绩工程"。另外一些单位为了迎接上级验收,将"示范点"建设得光彩夺目,而不顾"面"的工作,以"示范点"为幌子,捞政绩。这些现象不仅劳民伤财,而且影响恶劣,应该严格制止。

当然,政绩问题不是只靠行政伦理法律中有相关规定就可以解决的,还需要各方面的配合。如上级在制定目标时要考虑实际情况,不要定得太高;检查组检查时,要全面,不能只看"点"不看"面";检查时也要根据具体情况来确定个人有没有政绩。另外政绩有时也不完全是一个人能力的表现,有时是机遇、巧合,所以对官员的评价应该综合判断。

②领导干部的生活作风

现在许多学者、党政领导提出对于领导干部的生活(即八小时工作以外的生活)也应当注意,因为领导干部的生活作风不是小节。一般人生活作风不检点,让人看不起,领导干部生活作风不检点,不仅让群众看不起,还会直接影响党和政府的形象。一些党政领导干部的腐化堕落,往往是从生活作风不检点开始的。

因此,用干部不仅要看政绩,还要看作风。新加坡对公务员的道德特别强调,对他们的私生活,比如日常的人员家庭情况、个人兴趣爱好、个人有无不良嗜好,像吸毒、嫖娼等,管理得十分严格,可以说是滴水不漏。公务员必须是透明人,为达此目的,新加坡有一些独特的考核制度。如"紧逼盯人",把监督实施在分分秒秒之中。政府每年发给公务员一个日记本,公务员必须随身携带,每日填写。每周一上班交主管官员检查签字,官员认为有问题,将送交贪污调查局审查。另外还对公务人员实行行为跟踪制等。我国不一定完全照搬新加坡的做法,但要采取适合我国的方法、手段,对领导干部及公务员日常生活进行监督。

③节日

《准则》中规定禁止讲排场、比阔气、挥霍公款铺张浪费。对于这一类现象更应当强调它的时期性,因为一旦逢年过节,各行政单位的送礼、讲排场、比阔气、挥霍公款铺张浪费之风是最浓重的。我国各地政府部门已经制定了许多这方面的制度,如安徽亳州建立了节日廉洁自律报告制度,江苏泰州提出加强节日期间廉政,等等。越是过节,就越要抓廉政建设风气,这也应该在行政伦理法律中有所体现。

现实生活纷繁复杂,各种新鲜事物层出不穷,上面只是我们所作的几点归纳,可能很不全面,有待于更多的学者、专家或对行政伦理法规研究有兴趣的同志重视并参与探讨。关于处罚的问题,美国和日本的行政伦理法中都未有规定,我党的《准则》的处罚细则也是以《中国共产党纪律处分条例》中的相关规定为准,所以本书对于处罚也不做详细介绍与建议,在行政伦理方面的法规制定后,处罚条例也应该主要参考党的纪律处分条例来制定。

第二节 行政伦理的执法

正如上文通过三个国家的行政伦理法中的立法目的的比较所得出的结论:行政伦理法是为了提高公务员的廉洁度,增强国民对本国政府及其行政人员的信任度。但是，这一目的能否实现，光有完善的法律体系是远远不够的，因为这些法律体系如果得不到有效的执行，构建法律体系的工作就将变得毫无意义，反腐的工作还是不能取得进展。一个很好的例证就是韩国尽管在1981年就已对行政伦理立法，但由于该法并未得到有效执行，反腐的效果并未取得历史性的突破，因此，在制定了相关的伦理法律法规体系后，一个非常重要的工作就是成立相应的执法管理机构，并对行政伦理执法程序等做出一个比较完整的规定。

但是，行政伦理法的有效执行，离不开来自各方面对行政伦理委员会的监督。权力一旦失去监督就很容易导致腐败。因此，对行政伦理委员会执法的监督的必要性来源于两个方面：第一，行政伦理法的执行有可能直接导致行政人员的各种利益的损失，行政伦理委员会的权力行使对行政人员的影响甚大，而由于"一切有权力的人都容易滥用权力，这是万古不易的一条经验。有权的人使用权力一直遇到有界限的地方为止"[1]，因此欲使行政伦理委员会不"错怪"一个行政人员，其执法行为必须接受来自外部的监督；第二，行政伦理委员会也有可能发生腐败行为，为了一己私利而放弃执法权力，从而使得公共利益受到侵犯，因此，欲使行政伦理委员会不"放过"一个违反该法的行政人员，其执法行为同样离不开监督。从上述两个方面出发可以看出，行政执法监督对于行政伦理委员会依法合理行使相关权力、提高工作效率起到促进和保障作用。因此，对行政伦理法的执行工作的监督比较也极其重要，从比较中可以得

---

[1] ［法］孟德斯鸠. 论法的精神 [M]. 北京：商务印书馆，1978：154.

出一些关于对行政伦理法的执行监督的结论。

一、国外行政伦理法的执行比较

任何法律,最终要得到有效的执行都少不了相应的执法管理机构。而执法管理机构在纵向上的隶属关系以及横向上的职能也都会影响到该机构的工作效率和效益。如我国的司法机关具有双重的领导关系,一方面隶属于上级司法机关,受上级领导,其行为要对上级司法机关负责;另一方面其财政来源都得通过本级人民政府的预算,本级人民政府也对其发号施令。在这种隶属关系环境下的司法工作很难保证公平、公正、有效。因而,在对行政伦理法的执行过程中,首先得对行政伦理法的执行管理机构的隶属关系及其职能进行比较。

1. 执行机构的设立及隶属比较

行政伦理法执行的状况,在相当程度上也与其管理机构的隶属关系有关。伦理委员会的隶属关系直接影响到行政伦理法的执行效果,从而影响到行政伦理法作为外部控制的手段向内部控制方式的转变。先来看看美国、韩国以及日本三个国家伦理委员会的设立及隶属情况。

美国联邦政府在1978年7月就已成立了"政府伦理办公室",隶属于人事管理局。当时,这种隶属关系在理论上也具有自身的缺点。因为伦理办公室的主要职责也正是对各级行政人员在廉洁等方面的管理,而这一管理应该从属于人事管理。但是,这一隶属关系会带来问题:伦理办公室在各个方面均受人事管理局的领导,这严重影响到伦理办公室作为监督部门而应有的工作上的独立性。我们认为，也正是出于这一考虑，美国联邦政府于1989年10月对"政府伦理办公室"进行了机构改革，将其升格为一个具有独立性的政府机构，其主任也由总统提名并经国会批准，直接向总统、国会负责。"其任期与总统任期不同步，以保持独立性"①。正是这一机构改革，使得伦理办公室具有了前所未有的独立性，从而保证了执法的公平、公正。当然，除了联邦政府外，众议院和参议院也分别设立了众议院官员行为规范委员会和参议院道德特别委员会，它们直接隶属于众议院和参议院。同样，在美国的许多州和市的议会和政府，也设有伦理办公室或伦理委员会，如得克萨斯州就由于游说集团利用金钱影响政治家的丑闻而于1992年设立了伦理委员会。除此之外，行政系统每个部门都得任命一名"指派的部门道德官"来协调并管理本单位的相关道德事宜。

韩国在颁布《公职人员伦理法》的同时也成立了公职人员伦理委员会，而且这一委员会具有相当的实权，并具有多领域、多层次的特征。"公职人员伦理委员会是一个中立机构，分别在国会、大法院、中央选举委员会以及各市、道设立"②。其中，韩国对就任的伦理委员会的委员长和副委员长具有相当高的要求，如中央一级的正、副委员长就要求是法官、教育工作者、学识渊博和德高望重的人士。不过，韩国的伦理委员会最大的特点在于它是由总统令确定的，以保证其行为的独立性。除了公职人员的伦理委员会外，韩国还设有

---

① 王伟，鄯爱红. 行政伦理学 [M]. 北京：人民出版社，2005：468.
② 任勇. 韩国反腐败进程及其经验 [J]. 国际资料信息，2007（4）：12.

高级公务员违反行政伦理调查部以及国家清廉委员会。其中，高级公务员违反行政伦理调查部的部长和次长人选是经过大法院院长的推荐和国会同意，并最终由总统来任命的；而国家清廉委员会是《防止腐败法》的产物，这一委员会直接受总统领导，委员会由9名委员组成，其中包括1名委员长和2名常委，而这三位都是由总统直接任命的，其他6个委员均由国会和最高法院首席大法官推荐并由总统任命或委派，但这些成员来自不同的政党。

日本在其《国家公务员伦理法》中规定，在人事院设立国家公务员伦理审查会。尽管从其隶属关系来看，伦理审查会是受人事院的领导，但是，它在其职责范围内的工作还是保持了相当的独立性。如《国家公务员伦理法》中的第三十五条规定：审查会如认为为执行其所管事务有必要时，可以向相关的行政机关的首长要求提供资料或信息及其他必要的协助。这说明伦理审查会可以越过人事院而直接对相关的行政首长进行相关的调查取证，在一定程度上保证了伦理审查会的工作独立性。日本的伦理审查会的会长及委员，根据法律的规定可以独立地行使相关职权，其身份也受到充分保障。另外，为使《国家公务员伦理法》得到有效的贯彻实施而使其自愿切实履行职务伦理，日本政府在基于法律之规定设置于内阁的各机关、作为长官行政事务的机关设置于内阁之统辖下的各机关、隶属于内阁的机关以及会计检察院中各设一名伦理监督官。而这些伦理监督官，直接对伦理审查会负责，直接遵照伦理审查会的指示而工作。

毫无疑问，各国政府欲使行政伦理法得到有效的贯彻执行，必须建立相应的伦理委员会。但是，仅仅如此还不够，还必须在相当程度上保证其工作的独立性，以免其在工作上缩手缩脚而不能充分发挥法律的效力。这一点，在我国相当明显。在我国有的偏远地区，甚至在经济较发达的城市，"权大于法"的不良社会现象也依然存在。尽管具有诸多原因，但笔者认为，重要的一点在于监督机关的独立性不强，在许多方面均受行政机关的领导，从而使得法律得不到有效的执行，各种政府违法情况屡禁不止。因此，要真正地发挥行政伦理法律的效力，要实现行政伦理法律作为外部控制的手段而转化为内部控制方式，伦理委员会必须具有工作独立性。

2. 执行机构的职能比较

职能决定了管理机构的行为，直接影响到管理机构存在的合法性基础。但是，政府伦理委员会到底应该具有哪些职能呢？这个问题的回答同样离不开对美国、韩国、日本的伦理委员会职能规定的比较。

美国在1978年颁布《政府行为伦理法》时就已在人事管理局下设了政府伦理办公室，但在1988年通过的政府伦理办公室再授权法后，于1989年10月1日将其升格为一个独立的行政机构，即政府伦理办公室，它直接对总统、国会负责。在经历机构改革之后，其职能基本未发生变化。根据学者马国泉在其《行政伦理：美国的理论与实践》中分析的，政府伦理办公室有六大任务：第一，调整：针对法案所列出的主要领域，以及行政系统的整个利益冲突和道德领域，制定有关的规章条例；第二，审查财务公开报告：和具体单位的道德官员一起审查要经参议院认可的被提名出任公职的候选人的财务公开报告；第三，预防：为政府各单位培训道德官员，对政府雇员进行有关行为准则和利益冲突法方面的教育；第四，解释性的建议和指导：协助有关的个人认识并避免不道德的行为，促进对伦理法和伦理条例所做的统一解释；第五，执行：通过全面的、定期的监察对政府部门的道德计划进行监督；第六，评价：对伦理法和伦理条例进行评价，并建议采取合适的立法行动。"办公室负责的工作包括美国总统及3000名最高级公务员的财产收入的申报，参加高级公务员的行政伦理和廉政问题的听证会等"[1]。

从其职能可以看出，"政府伦理办公室"作为一个执行行政伦理法的独立部门，在负责执行相关法律法规，为修改伦理立法、伦理规范和伦理政策提供建议，推动各州行政伦理法规，处理日常伦理事务，提高公务员道德意识等方面发挥着重要作用。这一机构通过"对被指控的不道德行为进行独立调查来保持和提高公众对政府官员清正廉洁的信心"[2]。除了国会和联邦政府外，许多州、市、地方的议会和政府也设有伦理办公室或伦理委员会，其主要职能一般包括："（1）收集并保存州（或市、地方）政府官员和法律规定的有关人员的财务申报材料；（2）将申报材料输入电脑，以便公众查阅；（3）培训政府官员的行政道德，解答有关法律与行政道德的具体问题；（4）起草州（或市、地方）政府关于行政伦理方面的法律和规定，解释有关法律内容；（5）听取公众对涉及政府官员违反法律和道德的检举，并进行调查，其中情节严重的问题移交检察机关。"[3]

韩国的伦理办公室的职能同样由于政府伦理法的不断修订也发生了变化。韩国目前与行政伦理有关的反腐部门包括公职人员伦理

---

[1] 王正平. 当代美国行政伦理的理论与实践 [J]. 伦理学研究, 2003 (4): 26.
[2] 王正平. 当代美国行政伦理的理论与实践 [J]. 伦理学研究, 2003 (4): 26.
[3] 王正平. 当代美国行政伦理的理论与实践 [J]. 伦理学研究, 2003 (4): 26.

委员会、高级公务员违反行政伦理调查部以及国家清廉委员会。其中,公职人员伦理委员会作为中立的合议制机构,其功能非常明确,即专门负责《公职人员伦理法》中有关财产登记制度的实施和检查,把其活动情况编制成册,定期向国会汇报;它有权向金融机构负责人要求提出所需的金融交易资料及事实确认调查书。另外,它还有权要求财产登记对象及相关人员出席会议,审查结果如发现有虚假登记嫌疑,可向法务部、国防部部长等申请予以调查。高级公务员违反行政伦理调查部负责对高级官员腐败行为的调查和起诉。而国家清廉委员会的主要职责有以下四个方面:第一,制定反腐败政策;第二,提出完善公共部门制度的建议,对公共部门的反腐败政策及其执行情况进行调查分析和评价;第三,开展反腐败教育和反腐败斗争;第四,支持非政府组织在预防腐败工作中发挥积极作用。为了保证国家清廉委员会工作的公平、公开、公正,委员会制定了相关的较为严格的内部道德准则以及监察制度,它主要负责"对中央和地方政府部门、国有企业的廉洁度进行评估,在必要时还可以要求重新开展有关案件的调查"[①]。

日本的伦理审查会尽管隶属于人事院,但正如上文所指出的,它在其职责范围内的工作还是保持了相当的独立性,其职责主要有三个方面:第一,伦理审查会拥有向内阁或会计检察院呈报关于修改或废除伦理规程的权限以及制定、修改有关违反伦理章程事件的处分标准的权限;第二,伦理审查会负责对公务员状况进行调查研究、研修及体制建设;第三,伦理审查会对于违反伦理章程的人员,

---

① 任勇. 韩国反腐败进程及其经验[J]. 国际资料信息,2007(4):12.

既可要求其上司对其行为进行调查、报告、处分及公开事实，又可亲自履行惩戒行为。除了国家公务员伦理审查会外，日本还在中央省厅的行政机关各设了一名伦理监督官，其主要的职责为指导和帮助行政机关内部职员维持伦理法所规定的行为标准，同时按照伦理审查会的指标对本部门的伦理体制进行具有建设性的工作，主要的任务是对行政机关的职员给予咨询、指导、忠告，并协助各省厅长官建立、完善行政伦理机制等。

因此，各国的行政伦理法要得到有效的执行，首先必须要界定好管理机构的职能。而职能主要牵涉三个问题，"管什么、怎么管、发挥什么作用的问题"①。本书拟从这三个问题出发来对三个国家的伦理委员会的职能进行比较。

首先，管什么的问题。根据上文对三个国家伦理委员会职能的比较可以看出，伦理委员会管的内容主要是国家公务员行为过程中的伦理问题，看其是否有违反伦理法的现象，一旦发现公务员的行为与伦理法相背，伦理委员会就得采取相应的措施及时制止，如发现情节严重的，将移交相关司法部门进行处理，直至向法院起诉。

其次，怎么管的问题。伦理委员会独立或相对独立地行使由行政伦理法授予的权力，依照行政伦理法规体系的相关规定对国家公务员进行有效监管。

最后，发挥什么作用的问题。这一点非常重要，因为它是这套机构存在的合法性基础。从上面的分析不难看出，行政伦理委员会主要发挥的作用有二：一是根据伦理法规体系的相关规定审查国家

---

① 夏书章. 行政管理学（第二版）[M]. 广州：中山大学出版社，1998：49.

公务员的相关事务，如财产申报、礼品的接收等，以确定其是否违反伦理法规体系；二是对行政伦理法进行宣传，对国家公务员进行该方面的相关教育，对行政机关的职员给予咨询及其指导，让更多的人参与到行政伦理法制化的过程。

3. 执行程序的比较

再好的法律或法规体系，执行效果得不到保证的话还是徒劳。正如亚里士多德所言："我们应该注意到邦国虽有良法，要是人民不能全部遵循，仍然不能实现法治。法治应包含两重意义：已成立的法律获得普遍的服从，而大家所服从的法律又应该本身是制定得良好的法律。"① 因此，执法的成功除了法律或法规体系自身的因素外，还取决于执行程序的科学以及执法的严厉性。

就执法程序而言，各国的区别不大，而且与各自国家的其他法律的执行程序近乎一致，即个性不强——各国的执法程序都要求科学、公正。但是，美国、韩国以及日本在执行行政伦理法时都注意到了一道程序：在发现行政人员存在违法的嫌疑时及时提醒，给予其一个改正的机会。因此，笔者认为，执法程序的比较在此意义不大，故不予以详细分析。这里就以日本的行政伦理法的执行程序为例，其基本执法程序为：伦理审查会的调查→惩戒处分前的劝告→伦理审查会实施的惩戒→结束调查并提请司法机关的审判→法院审判→宣告处决。在这些程序中，最重要的一环无疑是对行政人员违反行政伦理法规的审判，这是执法程序当中较为复杂的一道程序。

---

① [古希腊] 亚里士多德. 政治学 [M]. 吴寿彭，译. 北京：商务印书馆，1965：199.

在此，有必要强调一下司法机关在行政伦理法执行过程中的作用。一般认为，司法机关，作为现代政府体系中不可或缺的部门，作为维护公民合法权益的最后一道防线，作用甚大。而司法机关在行政伦理法的执行过程中的作用同样如此。司法机关根据行政伦理委员会的案件诉讼，对行政伦理委员会提交的各类文件进行审理，并在案件的相关人员参与的前提下做出合法、合理的处决。

美国的司法机关中，大法官会议在其内部设立司法道德委员会，辅助政府伦理委员会对本部门官员财产等的调查以更好地维护司法机关内部行政人员负责任的行为；同时，美国还设立了独立检察官职务，它是由美国联邦政府司法部部长直接领导的，主要职责就在于独立于政府的行政、立法、司法系统对各个部门的行政人员的行为进行调查，包括廉洁性方面。

韩国的司法机关也与美国一样，通过对相关案件的审理并依照行政伦理法律法规对违法人员做出相应的处决；而日本的检察机关尽管是在内阁法务省领导之下，但在司法过程中负责审查批准逮捕、审查决定起诉以及出席法庭支持公诉，在相当程度上辅助行政伦理审查会的工作。并且，在日本涉及违反行政伦理法的案件，都是由享有司法独立权的法院系统负责审理并做出相应的处罚决定。

司法机关在执法程序中的作用是不言而喻的，主要是通过行政伦理委员会提交的相关违法案件的审判与行政伦理委员会一道完成行政伦理执法工作。因此，从三个国家的执法程序比较来看，程序均差不多，其中关键的一环无疑是司法审查，即司法机关根据行政伦理委员会提交的案件进行公平、公正、公开的审判，并做出相应的惩罚措施，使得相关违法人员承担相应的责任。通过执法工作的不断进行，伦理法制的影响范围将越来越广，因而"组织中文化和氛围越符合伦理规范，个人的信仰和决策行为就越符合道德规范"①。

二、我国行政伦理管理机构实践的设想

我国现在已经制定了一些行政伦理方面的准则，这些是政府部门根据自己具体情况制定的，经过实践检验后，可以将之法律化。为了保证行政伦理制度化的长期顺利发展，我国也有必要设立专门的行政伦理管理机构，负责在伦理法规的制定、修改和废除方面向人大提交草案，并负责行政伦理法规的培训、评估等。

1. 机构设置

行政伦理管理机构的主要任务是对制定、修改、废除行政伦理方面的法律法规向人大提交草案，就这种任务来说，行政伦理管理机构设在行政系统内的人事部门最合适，因为人事部门主要职责之一就是制定人事方面的制度，完善国家公务员制度等。另外，我国当前的收入申报制度按照规定也是将申报材料报送相应的上级组织人事部门备案，行政伦理管理机构设在人事部门后，可以接管这部分工作。因此，将行政伦理管理机构设立在我国人事部门，可以说是最合适的。

2. 主要任务

行政伦理管理机构的主要任务是在伦理法规的制定、修改和废除方面向人大提交草案，并负责教育、培训、评估、审核收入申报

---

① Ford, R.C., and Richardson, W.D. Ethical Decision Making: A Review of the Empirical Literature [J]. Journal of Business Ethics, 1994, 13: 217.

等。行政伦理法规的制定上文谈过，这里主要讲教育培训。

对党员干部进行思想政治教育是我国有着悠久历史的优良传统，这种教育的内容和行政伦理是基本一致的。行政伦理法律制定后，在这种教育中就应增加行政伦理法则的学习内容。要对行政伦理法则进行解释，并阐明怎样遵守、应用，可以采用多种形式，如录像、讲座、报告会等，使广大公务人员学习起来有兴趣，并能实际操作、应用。

关于具体的教育培训方法，这里有一些建议。我国当代有一些腐败官员，所作所为可以说完全与行政伦理规范背道而驰，可以将他们的犯罪历程、心理变化制作成录像让干部、公务员观看，这样可以起到事前警示作用，使他们知道如何去防范。如广东省委在2003年年初就提出，要开展警示教育，作为加强党风廉政建设和反腐败斗争的一项重要内容。2003年6月13日，广东省委、省人大、省政府、省政协领导班子成员集中观看由省纪委组织拍摄的反腐倡廉专题片《忏悔与警示》《不朽英魂》，并开展了讨论。另外广东省纪委组织力量，编写了《腐败警示录》，并从中挑选了几个典型案例摄制成专题片，作为各级领导班子民主生活会和全省纪律教育月的必读教材，这很有意义。

关于行政伦理法规的培训、教育，还应该跟上时代的步伐，将行政伦理规范以多种形式进行宣传。近年来，福建泉州德化县纪委积极探索党风廉政宣传教育新形式，先后采取了举办反腐倡廉成果展、廉政回访等各种行之有效的形式。2002年7月11日，又专门向移动通信公司申请开通"廉政短信息"平台，收集采编廉政格言、警句、谚语、条规等"廉政信息"3000多条，并根据廉洁自律的热点、重点工作,不定期滚动、更新,以县纪委、监察局的名义在"八小时"以外、节假日期间向全县副科级以上领导干部发送,对广大党员干部进行理想信念、党纪国法、廉洁从政等教育。

现实生活中新颖、有趣又有效的培训、教育的方法还有很多,需要我们不断总结经验,不断创新,相信会起到很好的效果。

第三节 行政伦理的监督

一般认为,监督可分为正式监督与非正式监督,正式监督主要有权力机关的监督、行政机关的监督以及司法机关的监督;而非正式监督中最重要的就是社会舆论、新闻媒体以及一些非政府组织的监督。当然非正式监督也包括政党组织的监督,但在此将不做分析。行政伦理法执行的监督的重要性不言而喻,即有利于及时揭露未被行政伦理委员会察觉的伦理失范行为,一方面督促行政伦理委员会提高办事效率,另一方面促进公职人员提高工作效率、遵守行政伦理法规体系。笔者拟沿着上述分类的思路对来自各个方向的行政伦理法执行的监督做一个分析。

一、行政伦理法执行的正式监督比较

法律的有效贯彻实施离不开政府的正式监督,正式监督包括来自权力机关、行政机关以及司法机关三个方面的监督,它们均通过不同的方式来行使监督的权力,以保证权力行使的合法性和合理性。

但是，就行政伦理法的执行监督来看，它与其他类型的法律贯彻实施处于同样的监督体系，并无其特殊之处，在此只做简单的介绍，而不予以详细的比较分析。

1. 权力机关的监督

首先看看美国的权力机关对行政伦理委员会的监督。一方面，美国国会通过与其他形式的行政监督一样的方式，即行使预算权、调查权、弹劾权给予行政伦理委员会的主任执法压力，促使其合法、合理行使权力，这是美国国会从宏观意义上对行政伦理委员会的工作进行监督指导；另一方面，美国国会通过在其内部成立相关的伦理部门——"众议院官员行为规范委员会"和"参议院道德特别委员会"——促进行政伦理法的有效贯彻实施。这两个部门的职责有二：第一，辅助行政伦理委员会反腐工作。分别对众议院和参议院行政人员的行为进行监督，与行政伦理委员会一道打击违反行政伦理法的官员，对有违纪行为的议员进行惩罚，违反行政伦理准则的议员会受到开除、指责、训诫、罚款、暂停职务或要求道歉等惩罚，这一工作不属于监督方面；第二，监督行政伦理委员会的执法工作，督促其高效、负责地完成工作以确实保障行政行为的廉洁性，这是其监督工作的重要方面。譬如，发现未有办理的违反行政伦理法的案件，督促其在规定的时间内处理，等等。另外，美国国会还设立了政府责任局，"作为为美国国会服务的一个非党派的独立机构，肩负着检查联邦政府的工作表现和开支情况的重任"[1]。而政府责任局

---

[1] [美] 马国泉. 行政伦理：美国的理论与实践 [M]. 上海：复旦大学出版社，2006：210.

在履行工作职责过程中，势必触及行政人员的伦理行为领域，面对执法不严、执法不够的情况势必督促行政伦理委员会有效履行执法权力。

韩国的权力机关对公职人员伦理委员会的监督工作强度也较大，与美国国会对行政伦理委员会的监督相似，韩国在其国会同样设立了公职人员委员会，负责审核相关的财产登记，督促其他公职人员委员会的执法工作，同样也通过行使预算权、调查权、弹劾权等给相关的公职人员伦理会的执法工作施加压力。

日本的国家公务员伦理审查会的设置相比美国、韩国不一样，它隶属于人事院。尽管日本的国会是国家的最高权力机关，但国会对公务员伦理审查会执法工作的监督力度较小，主要通过对人事院工作的监督予以完成，如督促人事院要求审查会做报告或就某件伦理案件陈述意见。因此，日本国会对伦理审查会的监督工作大都是间接的。

从三个国家的国会对行政伦理部门的监督实践出发，我们认为，国会对行政伦理委员会的监督至少集中在三个方面：一是通过行使预算权、调查权、弹劾权等对行政伦理委员会的工作起到威慑作用，在一定程度上促使其能够依照相关伦理法规公平、公正、公开处理各种行政伦理案件；二是在国会内部建立相应的伦理部门，既可以保证对国会成员的伦理调查工作，也可从业务上监督其他行政伦理部门的日常工作；三是通过制定伦理委员会提交的相关法律来促进反腐工作的展开，在最大程度上支持伦理委员会的工作。总之，正如监督的含义一样，国会对行政伦理委员会的监督工作表现在制约与管理两个方面。只有国会认真履行自身作为权力机关的职责，才能在一定程度上保证行政伦理委员会的日常工作有效开展。

2. 行政机关的监督

从理论上讲，与权力机关的监督方式和力度相比，行政机关对行政伦理委员会的监督都比较直接、有效，有的甚至是执法机关的领导机关来监督。因此，行政机关的自身监督力度将直接影响着行政伦理委员会的执法合法性和合理性。但是，在已经施行行政伦理法的三个国家中，美国和韩国的行政伦理委员会都独立于其他行政机关，直接对总统、国会负责，因此，在这两个国家里，行政机关对行政伦理委员会工作的监督主要就体现在两个方面：第一，在行政机关成立相应的伦理办公室，通过伦理办公室向行政伦理委员会主动揭发本机关的违反伦理法的行为，依照相关法律审查本机关的相关事务；第二，针对本级机关成员的冤案、错案，行政机关主动主持公道，保证本机关行政人员合法权益不受侵犯。

日本的伦理审查会的隶属关系与美国、韩国不一样，日本的伦理审查会隶属于人事院，因此，人事院对伦理审查会的宏观意义上的工作具有相当的影响力——领导及监督。如领导方面，日本《国家公务员伦理法》的第三十六条规定：审查会就其所管的事务，可以准备议案，向人事院要求制定人事院规则；如监督方面，日本《国家公务员伦理法》的第三十七条规定：为了确保人事行政的公正性，如人事院认为有必要时，可以要求审查会做报告或就此陈述意见。另外，日本其他行政机关也有义务辅助伦理审查会有效地完成工作，即日本《国家公务员伦理法》的第三十五条规定：审查会如认为为执行其所管事务有必要时，可以向相关的行政机关的首长要求提供资料或信息及其他必要的协助。而在审查会与行政机关直接发生工作关系过程中，行政机关可以向伦理审查会质询相关事项以达到监督作用。

不管行政机关与伦理委员会的隶属关系如何,但以下几点可以确定:第一,行政机关人员作为行政伦理委员会重点调查对象,具有一定的申辩能力,可以通过行政机关的名义要求行政伦理委员会给予相关意见,从而在一定程度上对行政伦理委员会达到某种意义上的制约作用;第二,行政机关通过为行政伦理委员会提供相关行政人员的资料或信息,在相当程度上为行政伦理委员会的工作提供帮助,甚至有的行政机关通过在本部门设立相应的伦理办公室,监督本部门的行政行为是否符合相关法律法规,从而为行政伦理委员会的工作提供辅助,这也在一定程度上起到了监督作用。

3. 司法机关的监督

一般认为,司法机关对相关执法机关的执法行为的监督是通过相关行政人员对处决不服而提请的诉讼程序或司法机关自身启动的审判监督程序予以完成。行政伦理委员会根据司法机关的判决而对相关违法人员施以相应的处罚,如果相对人对此处罚无异议,则不存在司法机关的监督问题。但当相对人对处罚不满并要求提出再审时,此时监督程序就已启动。而此时,监督主体就为司法机关了,并且是做出处罚决定的法院的上一级法院,甚或最高人民法院。这些监督主体对之前的执法过程以及执法结果进行全面、综合的审核,并遵从较为严格的程序,如需通过合议庭经过法庭调查、法庭辩论等审理程序并按照相关的法律就不同的情况做出不同的判决与裁定。裁决一般分:维持原判、依法改判以及撤销原判并发回重审。在这一方面,美国、韩国以及日本均根据各自国家的相关司法制度与其

<<< 第六章 我国行政伦理法制化实现路径

他法律的执行监督并无相异之处，在此不做一一比较。

二、行政伦理法执行的非正式监督（社会监督）比较

历史上诸多重大腐败案件的最终曝光都来源于新闻媒体，而不是来源于政府内部。其中有许多原因，但最重要的一点则是新闻媒体作为社会监督的一个重要主体，具有自身的优势，是其他监督主体所无法代替的。在阐明其优势之前，首先看看美国、韩国以及日本的社会监督状况。

美国的社会监督工作可谓相当有效，最著名的莫过于1972年"水门事件"的曝光，这在一定程度上引起了美国人民甚至全世界人民对社会监督作用的重视。美国的社会监督根据监督主体来划分的话，可以分为新闻媒体监督以及民间组织的监督。新闻媒体在西方国家素有"第四权力"部门之称，它通过对相关事务的曝光，将问题公之于世，而且对所曝光的问题紧追不放，直至事件最终得到真正有效的解决。而新闻媒体也正是通过这种连续、追踪的报道增强其自身的战斗力，真正发挥监督的作用。除了新闻媒体外，美国民间还成立了诸多较为专业的监督部门，如"公务员政策中心""改进政府工作协会""关于政府行为的私有调查机构""卡门考草根游说组织""公仆廉政中心"等。"公务员政策中心"，其主要职责就在于"通过对行政官员不良行为的分析，提出有关道德对策，征集公众签名，要求议会讨论，以及召开听证会等形式，影响政府行为，提高行政伦理水平"[1]；"改进政府工作协会"是由私人发起的非官

---

[1] 王伟. 美国行政伦理的立法、管理与监督 [J]. 新视野, 1996 (1): 59.

方监督组织,"宗旨是要查处政府中的违法渎职行为"①,工作重心主要"放在改进政府工作、提高行政伦理水平方面"②。再如,"公仆廉政中心",是1990年成立的一个非营利组织,主要职责在于促进行政官员的廉政建设,其口号就是"做国家与人民的看门狗"。……可见,美国的社会监督工作相当到位,笔者认为这在很大程度上应归结为许多较为专业的非政府监督部门都保持了一定的独立性:第一,资金来源上的相对独立性。它们的资金主要来源于自身提供服务的收入、会员会费、社会捐赠以及商业界的捐助等;第二,追求超党派性,以有利于自身在行政伦理监督上保持相当的独立性;第三,保持自身的廉洁性,即阳光与透明,使得自己有底气去监督行政伦理法执法部门的工作;第四,对公共利益的执着追求。除了独立性外,这些部门大都具有鲜明的草根特征,即立足于社区、民众,成立的根本目的也是为了表达公众的呼声以及实现公众利益,一方面注重通过出版物、报告等形式进行信息收集以表达组织的主张以及关注点,另一方面注重社会动员,顺应民众呼声。

日本同样非常重视新闻媒体以及非政府组织等社会监督主体的作用,尽管非政府组织的监督作用没有美国发挥得充分,但新闻媒体在监督政府部门的行政行为方面确实发挥过重要的作用。如日本的内阁成员的财产公开情况就受到新闻媒体的严密监控。政府官员所公开的财产状况是否属实,都受到来自新闻媒体的跟踪,一旦发现异常状况,新闻媒体将予以曝光以公之于世。因此,日本的新闻

---

① 林华山. 美国行政伦理监督中的非营利组织 [J]. 行政论坛, 2008 (2): 70.
② 林华山. 美国行政伦理监督中的非营利组织 [J]. 行政论坛, 2008 (2): 70.

媒体同样也利用其灵敏的嗅觉及专业的特殊性,在反腐的过程中扮演着"警犬"角色,给以行政人员相当的压力,使其"不敢"腐败。而这些腐败行为的曝光在一定程度上弥补了政府行政伦理审查会某些方面的不足,通过腐败事件的曝光促使伦理审查会行使其权力以给予公民一个满意的答复,在最大程度上督促公职人员行为的合法性。韩国新闻媒体的监督作用同样不可小视,与美国和日本的新闻媒体一样扮演着监督者的角色,以使行政伦理委员会认真、负责地行使相关权力,同时也使得公职人员能够按照相关法律法规行使手中的公权。

因此,新闻媒体、非政府部门等社会监督主体在行政伦理法制化过程中的作用同样不可轻视。他们的作用至少体现在以下三个方面:首先是对相关国家政策的宣传,向社会传递"能做什么、不能做什么"等信息,而行政伦理要实现法制化,社会大众对行政伦理法的熟知是必不可少的,此时新闻媒体起到了引导作用;其次,新闻媒体借助其自身的传播速度快、受众多、社会影响广等优势对诸多政府腐败分子起到警戒作用,同时也提醒行政伦理委员会充分履行自身的职责;最后,新闻媒体等社会监督主体还起到了一定的威慑作用,因为为官者均不愿意自身卷入丑闻当中,从而增加其腐败的成本,同时也促使行政伦理委员会更有效地履行职责,因为丑闻的曝光在一定程度上说明了行政伦理委员会的失职。总而言之,新闻媒体、非政府部门等社会监督主体要充分发挥自身特有的优势,弥补其他监督主体在监督行政伦理委员会工作过程中的缺位,使得行政腐败行为没有"藏身之处",最终促使公职人员负责任行为的实现。

三、我国行政监督的实践

鉴于当前我国政府机构重叠、效能还不够高的问题仍没有得到彻底解决，有关我国行政伦理法律规范监督机构的设置，笔者认为不需要立即像国外一样设置专门监督机构，而是可以在行政监督体系中设立监督行政伦理法律规范执行情况的职能，经过实践检验，有必要单独设立的话再着手设立，这样可以避免不必要的过错与损失。另外在《行政伦理概论》中，作者建议在各级人民代表大会和政治协商会议设立行政伦理委员会，笔者认为，这种机构的设置也主要是起到一个监督作用，在将来的实践中也应该进行尝试。行政伦理管理机构也可以具有一部分监督职能。

由于我国目前行政伦理法或与之类似的法律尚未出台，行政伦理法律规范监督部门也还不存在，所以这里主要通过对行政监督的论述，对未来的行政伦理法律规范监督做一些预想。当前我国行政监督中存在着诸多问题，我们要先解决这些问题，使行政监督切实发挥作用，才能考虑将来行政伦理法律规范的监督。行政监督指由国家机关、社会团体或个人对国家行政机关及其公务人员是否合法、合理地行使行政职权所进行的约束、检查、督促。我国的行政监督总体上可以分为内部和外部两种。"行政机关内部监督体系，主要包括国家行政机关内部的一般监督和专门监督两个方面。一般监督主要是根据民主集中制原则组织起来的国家行政机关在行政隶属关系之间的相互监督，包括自上而下、自下而上和平行监督三种类型。"专门监督主要有行政监察和审计监督两种。外部监督体系主要包括政党监督、国家权力机关监督、国家司法机关监督、人民群众监督和社会舆论监督等。

1. 内部监督

内部监督中的一般监督,指上下级及同级之间的监督,这实施起来有一定困难。在上级对下级的监督中,由于上下级不经常在一起,上级很难对下级有全面了解,谈不上真正的监督;下级对上级监督就更难了,因为上级掌握着下级的任命等大权,下级从自身利益出发,也不敢真正监督上级;同级之间相互监督也不彻底,同级之间碍于面子,不愿监督,或者相互包庇,也很难监督。专门监督中的审计监督是一种经济监督,是审计部门对政府的财政状况、经济活动等进行的监督,其专业性和技术性都很强,这里不详谈。这里主要讲的是行政监察,行政监察指国家在行政机关内部设定专门的行政机关,对国家行政机关及其工作人员和国家行政机关任命的其他人员是否遵守国家法律和纪律予以检察、调查、处理或提出建议,我国设有监察委员会。

(1) 行政监察的历史沿革及地位、职责

先简单谈一下我国行政监察的历史沿革。中华人民共和国成立初建立了人民监察委员会,后改为监察部,1959年4月因种种原因,撤销了监察部。1986年12月12日,又设立了监察部。1997年5月9日通过了《中华人民共和国监察法》,赋予行政监察以完整的法定内涵。2018年3月,在十三届全国人民代表大会第一次会议上通过了国务院机构改革,并提出中华人民共和国国家监察委员会(以下简称为国家监察委)的设立,明确规定其为国家最高监察机关,与此同时，在十三届全国人民代表大会上表决通过了《中华人民共和国监察法》（以下简称为《监察法》），接着在全国范围内各级监察委纷纷挂牌，重新整合了原纪检监察人员以及检察院部分工作人员。以2018宪法修正案增设监察委员会为标志，国家政权体制由人民代表大会之下的"一府两院"变化为"一府一委两院"。监察改革推动的国家宪制体制改革从宪法层面完善了国家法治监督体系，创立了人民代表大会立法权领导下行政权、监察权、审判权和检察权四权一体的二元司法二元监督国家权力架构体制。① 这标志着我国形成了"一府一委两院"的新政治格局。

与以往国家机构如国务院机构、国家审判机构或检察机构的设立不同的是，监察机关的设立是以职能为主题设计的，通过职能设计凸显了以监察活动为中心的专门活动，《监察法》包括了监察范围及管辖、监察机关组成、监察权限与责任、监察程序等内容，主要调整对象是国家监察机关与监察对象之间、国家监察机关与人民代表机关及与司法机关的关系，突破了以往单纯组织立法、程序立法以及救济立法的模式，展现了行为法、程序法和救济法相整合的特征。②《监察法》按照权责法定、完善程序、强化监督的法治原则和法治精神，在立法结构中突出监察权力的法律规范、监察权力的运行程序以及对监察权的监督等制度设计，有关监察权限、监察程序以及对监察机关和监察人员的监督三方面的内容在《监察法》中地位较重、分量较足、条款较多，彰显了监察立法应有的法治要求和

---

① 江国华. 国家监察体制改革的逻辑与取向 [J]. 学术论坛, 2017 (3): 41-49.
② 姜明安. 国家监察法立法的若干问题探讨 [J]. 法学杂志, 2017 (3).

<<< 第六章 我国行政伦理法制化实现路径

法治导向。《监察法》对谈话、讯问、询问、查询、冻结、调取、查封、扣押、搜查、勘验检查、鉴定、留置12项措施及相应的监察权力做出了规定,对问题线索处置、调查、审理、监督的监察流程加以规定,对相关调查措施的审批、决定、实施、期限等予以明确。《监察法》还对监察权力运行的内部、外部监督体系,包括内部专门监督、干预报告制度、监察回避制度,以及人大监督、社会监督、舆论监督等予以明确规定。同时,还针对监察机关和监察人员的投诉机制以及监察失职失实的情形做出规定,以此构筑严密的监督监察权运行的制度体系和工作机制。依照法律规定,中华人民共和国国家监察委员会是最高监察机关,各级监察委员会是行使国家监察职能的专责机关,负责本行政区域内的监察工作,对所有行使公权力的公职人员进行监察,调查职务违法和职务犯罪,开展廉政建设和反腐工作。[1] 总体说来,从《监察法》的规定及法律实践上看,我国监察专员主要行使监督、调查、处置这三项职权。首先是监督权。监察官及其派出的相关工作人员可依法对行使公权力的工作人员进行监督,包括监督其是否依法履职、秉公用权、廉洁从政从业以及道德操守情况。同时,也可以对公职人员进行廉政教育,加强其自身的自律。其次是调查权。监察委主要是对发现的问题进行调查,主要包括涉嫌贪污贿赂、滥用职权、玩忽职守、权力寻租、利益输送、徇私舞弊以及浪费国家资财共七大类具体罪名。[2] 具体表

---

[1] 王建国、谷耿耿.宪制改革视域下监察委属性定位的法理逻辑[J].河南师范大学学报,2021(3):8.

[2] 刘珊.我国监察官制度初探——以十八大以来我国监察体制改革为背景[D].吉林:吉林大学,2019.

述为：（1）监察机关有权依法向有关单位和个人了解情况，收集、调取证据；（2）在调查过程中，对涉嫌职务违法的被调查人，可以要求其就涉嫌违法行为做出陈述；（3）可以对涉嫌贪污贿赂、失职渎职等职务犯罪的被调查人进行讯问，要求其如实供述涉嫌犯罪的情况。（4）在调查过程中，可以询问证人；（5）可以将涉嫌贪污贿赂、失职渎职等严重职务违法或者职务犯罪，已经掌握部分违法犯罪事实及证据的进行留置。第三是处置权，处置方式包括对违法的公职人员依法做出政务处分决定；对履行职责不力、失职失责的领导人员进行问责；对涉嫌职务犯罪的，将调查结果移送人民检察院依法审查、提起公诉；向监察对象所在单位提出监察建议。

习近平总书记在《在新的起点上深化国家监察体制改革》主讲话中指出，"深化国家监察体制改革是贯彻党的十九大精神、健全党和国家监督体系的重要部署，是推进国家治理体系和治理能力现代化的一项重要改革。"监察改革确立监察委行使的监察权，意在实现执政权、领导权、监督权的互相融合，体现党的意志与国家意志的统一，形成的新的监察权将政治性和法律性统一，是执政党的执政权与国家机构的国家治理权的融合，是党的政治领导权、指挥权、监督权及对干部的问责权在国家层面的运用和实施。[①]

（2）我国监察机关需要进一步深化完善的地方

"纪检监察机关肩负着党和人民重托，必须牢记打铁必须自身硬

---

① 刘珊.我国监察官制度初探——以十八大以来我国监察体制改革为背景［D］.吉林：吉林大学，2019.

的政治要求。"① 目前我国的监察体制改革已经取得了一定的成效,但是还需要进一步的推进和深化。

①推进监察机关独立监督的职责

我国政治体制中的一个特有现象是"党政不分",国家行政机关的领导干部大部分是党员,这就导致我国的行政监察机关和党的纪律检查委员会重复作业,因此,我国一直以来都是实行行政监察机关与党的纪检监察机关合署办公,这可以避免一些不必要的重复,提高工作效率,但这样做也存在一定弊端:一是政纪毕竟有不同于党纪之处,由于党在国家政治生活中居于领导地位,合署办公容易使人仅仅注意党纪的监督而忽视政纪监督;另一方面是行政监察机关的独立性受到了很大的限制。我国宪法明确规定了党的领导地位,在行政监察机关与党的纪检机关合署办公的情况下,尽管《监察法》规定有"监察委员会依照法律规定独立行使监察权,不受行政机关、社会团体和个人的干涉",但监察委员会很可能不再是单纯的行政监察机关,而会发生变化,听命于党政机关。如监察机关领导人的任命,法律规定由上级监察机关任命,但最后很多情况下都只是由党委书记一个人说了算,这很大程度上削弱了监察机关的职能和地位,也会影响将来行政伦理法律规范的执行与监督。

②加强对公权力的监督

"只要公权力存在,就必须有制约和监督。不关进笼子,公权力就会被滥用。""深化国家监察体制改革的初心,就是要把增强对公

---

① 习近平. 在新的起点上深化国家监察体制改革［EB/OL］. 中国政府网, 2019-02-28.

权力和公职人员的监督全覆盖、有效性作为着力点,推进公权力运行法治化,消除权力监督的真空地带,压缩权力行使的任性空间,建立完善的监督管理机制、有效的权力制约机制、严肃的责任追究机制。"① 要提高行政监察部门的地位,保持其独立性。首先,最根本的是要努力改变党的执政方式,促使党政分开,这样行政监察部门就可以独立办公,不与党纪部门合署办公,当然要做到这一点还有待时日。其次,就目前来说,切实可行的是要使监察部门脱离同级政府的领导。可以将行政监察部门改为直接隶属上级监察部门,并将其制定成法律予以明确化,这样才能切实保证"监察机关以上级监察机关的领导为主"。同时,关于监察人员的人事、财务方面的权力也要规定由监察部门自己拥有,以防止同级政府对监察部门的干扰。另外要加强对行政监察人员的培训,进一步完善行政监察法等。

2. 外部监督

(1) 政党监督

坚持中国共产党的领导是我国宪法的基本原则之一,党通过制定正确的方针、政策来保证和指导国家各项工作沿着正确的方向发展。政府是党的政策的履行者,为保证政府正确执行党的政策,党有责任对行政机关实施监督,当然包括将来对行政伦理法律规范执行情况的监督。"在中国的行政伦理(包括公务员行为规范)的监督机制中,执政的中国共产党的监督是其中作用最为巨大的监督。

---

① 习近平. 在新的起点上深化国家监察体制改革 [EB/OL]. 中国政府网, 2019-02-28.

这是历史形成的，也是法律所赋予的。《中华人民共和国宪法》在'序言'中就非常明确地肯定了中国共产党的领导地位。因此，中国共产党的监督在行政伦理（包括公务员行为规范）的监督机制中不但是极其重要的，而且是其他类型的监督所绝对不可替代的。"

当前，党对行政机关的监督存在许多问题，从根子上说，是因为党政不分。由于党政不分，党组成员与行政首脑往往交叉重叠甚至合二为一，这样监督也就变成了自己监督自己，效果不容乐观。要实现党对政府的真正监督，最重要的是改善党的领导方式和执政方式，把党组织的工作重点放在自身建设以及制定路线、方针、政策和对社会的宏观调控上来。

党政分开是我国政治体制改革努力的方向，但目前我国党政不分的情况仍然普遍存在，广大行政人员大多数是党员，要强化党对行政部门的监督，目前我们应该首先完善党内监督，要从加强对党内部的行政人员尤其是对领导干部的监督入手。党内监督的主要对象应该是领导干部，因为领导干部掌握着公共权力，如果没有受到有效的监督，极易滋生腐败。制定行政伦理法律法规的主要目的也是为了防止行政人员尤其是拥有大量权力的领导干部以权谋私。党要加强对党内领导干部是否贯彻执行党的路线、方针和政策以及是否廉洁从政等方面的监督，这样才能保证我国政府的高效廉洁，实现制定行政伦理法律的目标。目前党内监督存在的主要问题之一是党内民主监督制度发展不够。党内监督主要是上级监督下级对党内各种政策的执行，而下级对上级的权力制约就比较薄弱，导致有的地方党内高级领导人尤其是"一把手"的权力几乎不受约束。党内的民主生活会也大都是走过场，虽然会议按时召开，但批评和自我批评较少。另外还存在着监督意识薄弱、监督机制尚不健全等缺陷。党内监督如果不能发挥应有作用，党政部门的有些领导就有可能有恃无恐、为所欲为了。中央对这方面问题非常重视，在2004年2月17日颁布了《中国共产党党内监督条例（试行）》和《中国共产党纪律处分条例》，使党内监督制度化、经常化，对我国党政部门的廉政建设所起的积极作用可以说是不可估量的。在《中国共产党党内监督条例》中，党不仅基本解决了党内监督的一些问题，而且把多年来监督方面的好经验都制度化了，使我国的党内监督进一步迈上了法制的轨道。其内容主要有：关于党的民主集中制应注意的问题，强调要集体领导和分工负责相结合，并要求党的各级领导班子应当制定、完善并严格执行议事规则，保证决策科学、民主。另外对民主生活会的开展进行了详细规定。其他还有：重要情况通报和报告制度、述职述廉、巡视制度等。重要情况通报和报告制度及述职述廉制度对广大干部起到了警示作用，从外部给他们压力使其自律。巡视制度是上级部门的巡视组对下级党组织进行监督，重点解决省部级领导干部特别是"一把手"监督难的问题。党内监督的不断完善必将会促进广大行政人员尤其领导干部的廉洁勤政，促进我国行政伦理建设事业的快速发展。

（2）人大监督

我国宪法规定，国家的一切权力属于人民，人民行使国家权力的机关是全国人民代表大会和地方各级人民代表大会。人民代表大会是我国的权力机关，在国家机构体系中处于中心地位，其他国家机关均由它产生，并对它负责，受它监督。人大监督主要目的是为了防止选举出来的国家机关工作人员违背人民的意志滥用权力，当然包括了对行政人员行政伦理方面的监督。在对行政伦理的监督中，人大的性质和地位决定了人大监督是最高层次、最有权威的监督制约。

①存在的问题

我国宪法赋予各级人大许多职权，人大在积极履行这些职权的过程中，取得了很多成绩，但相对而言，立法成绩显著，而监督工作却相对薄弱。人大监督主要存在以下几个问题：

第一，按照宪法的规定，人大监督应该具有最高权威，但现实却并不是这样。人大监督遇到的主要问题是党政不分。在实际工作中，各级行政领导、司法领导都是同级党委的副书记、常委或重要领导成员，而人大的常委却很少是同级党委的重要领导成员，这就导致大多数人大代表、常委由于在党内的职务低于"一府两院"的领导在党内的职务，而无法有效地对自己的"上司"进行监督。另外由于党政不分，虽然我国有关法律规定党对于行政区域内所做的重大决策，凡是应该由本级人大及其常委会做出决议、决定的，都应通过人大及其常委会按法定程序办理，但是在实际生活中却经常出现党政联合决策、行文的情况。当这些由党委决定并由行政机关执行的事务发生问题时，人大就很难进行监督并纠正。如果人大进行监督并追究责任，到最后就会涉及党委，但是宪法并未明确赋予人大有监督同级党委的权力，相反，人大与其他国家机关一样，都要接受党委的领导。因此，如果不解决党政不分的体制问题，就不能使人大的监督职能得到很好的发挥，自然也就不能对行政伦理进行有效监督。

第二，监督主体的素质不高。人大代表是代表人民来行使管理国家的权力的，这种权力主要是通过对一些重大问题的决策和监督其他部门的工作来实现的，因此人大代表就需要具有较高的政治素质、道德素质、文化素质、身体素质、参政能力、议政能力、督政能力等，并且要有强烈的使命感，能经常和自己所代表的人民进行沟通。但当前的主要问题是：首先人大代表选举中民主化程度不够，某些地方人大代表采取圈定制或者仅把政府部门与国有企事业单位的领导干部作为候选人，非公职人员较少。其次人大代表很多是兼职的，开完人民代表大会就去做自己的工作去了，这样，他们的监督意识就比较薄弱，监督方面的知识也比较缺乏，起不到应有的效果。这样就会使监督流于形式，不能保障宪法和法律的有效实施，也会造成监督缺乏针对性和权威性。

第三，监督的法律制度尚不完备。目前我国重要监督法律尚未出台，另外现行监督法律中，抽象性原则性的法律过多，具体的有操作性的法律太少，容易导致监督工作无法进行或具有随意性。

②解决问题的建议

a. 改善和加强党的领导，提高人大代表地位

我们必须坚持党对国家政权的领导，但是党的权限主要在于政治领导和做出决策，要突破传统的党政不分的工作习惯，使党的领导从直接领导执行机关，上升到对国家权力机关的领导，彻底从具体繁杂的行政和司法事务中解脱出来。要改变目前存在的党政共同决策、联合行文的传统做法，把各级党委主要的领导精力转向通过

权力机关进行宏观决策和开展监督,彻底改变党政不分、以党代政的现状。要通过提高党的执政水平,加强党对人大工作的领导,加强和改善党的领导,这样党才能起到真正的领导作用。

另外,由于党政分开不是一朝一夕的事,当前要想提高人大代表的地位,可以规定人大常委会组成人员由党委推荐并职业化。人大常委会的委员在党内要有相当位置,人大常委会的领导在党内的职务要高于"一府两院"领导在党内的职务,以加强党对人大的领导和增强人大的监督力度。

b. 提高人大代表素质

首先,关于人大代表当选条件方面的法律规定还不够明确、具体,在法律上对人大代表的素质和能力应做出明确规定,同时还要在人大代表选举中引入竞争机制,才能造就出素质高、能力强的人大代表,增强代表履行职权的动力和责任感。另外,应加强对人大代表的培训,要组织人大代表学习有关人民代表大会制度的知识、有关如何当好人大代表的法律规定等。此外,有的学者建议应健全人大代表工作制度,实行代表专职化,应当鼓励一批具有职业政治家素质的公民竞选人大代表。被选为代表者,应当像当选为政府领导者一样就职。在任职期间,应当领取与其工作职责相一致的工资,因工作需要,应当配备助手(助理),享受相应的政治经济待遇。这样,人大代表才有可能去充分体察民情、代表选民行使好手中的权力,尤其是行使好监督权力。

c. 完善法律制度

应尽快制定一部人大监督法。宪法虽然对人大监督的基本原则和内容做了规定，但这些原则和内容仍然需要进一步具体化。近些年来，各级人大及其常委会在履行监督权时，越来越感到人大监督法律制度的不健全、不完善给监督工作带来的困扰。这说明，我们迫切需要制定一部专门的人大监督法，明确人大监督的具体内容和形式，弄清监督者与被监督者的权利和义务，规定各种监督制度的法律程序和监督可采取什么样的法律强制手段等，使人大的监督工作更具时代性和权威性。

(3) 司法监督群众监督舆论监督

对于外部监督，主要讲以上两种；这里简单介绍一下其他外部监督形式。司法监督是外部监督中最特殊、惩罚力度最大的一种法律监督，包括人民法院的监督和人民检察院的监督。人民法院的监督主要是通过行使审判权，审理与行政人员和国家机关有关的案件并处罚其犯罪行为来实现的，人民检察院主要是通过行使检察权来监督行政部门。当前我国司法监督的主要问题是司法机关在编制、经费上受制于当地政府，缺乏独立性，这是需要加以改革的。行政伦理法律制定后，司法机关也可以通过审判和行使检察权来行使监督权力。

我国宪法规定国家的一切权力属于人民，人民群众对行政机关和公务员进行监督是其应有之义。群众监督最及时、最方便、最经常，要充分发挥群众监督的作用。群众监督的形式主要有批评、建议、申诉、控告、检举等。我们要进一步加强政务公开，拓宽群众监督渠道，培养群众法制意识，完善群众举报制度，使群众监督在行政监督中发挥重要作用。

舆论监督包括报纸、刊物、广播电视和网络等新闻媒介，它们通过新闻报道、公开披露、表达民意等对政府进行督促，使政府人员更好地履行职责，改进工作。在当代发达国家，新闻媒体被称为继立法、行政、司法三权之后的"第四种权力"。在我国当前比较紧迫的是要制定相关法律，使新闻媒体发挥其应有的威慑力。

四、对我国行政伦理法律规范监督的设想

以上针对行政监督的不同形式进行了论述，在各种监督不断完善的基础上，将行政伦理法律列为各种监督的主要内容之一，可以在很大程度上保证行政伦理方面的法律规范得到贯彻和执行。这里对于行政伦理法律规范监督的设想由于受实践限制，有很大局限性，仅做部分参考。

1. 监督机构的监督内容

（1）监督范围

从拥有权力的大小来分，监督对象总体上可分为领导干部和普通公务人员。监督重点应该是领导干部，这里建议领导干部应该由专门的监督部门来监督，普通公务人员可以由一般的组织人事部门监督。

（2）监督方式

在监督方式上，可以采取多种多样灵活的方式。这里建议可以采取定期或不定期办法进行监督。每周、每月或每季度，组织相关人员到用人单位或反贪、纪检、来信来访办公室等单位，了解有无监督对象的投诉、举报和检举。同时，应将行政伦理法律法规细化、量化，通过广大群众，了解被监督对象的平时表现，对工作热情、工作责任感、勤政高效、廉洁自律、不以权谋私等逐项打分，作为年度考核、晋级、提高工资的标准之一。

2. 专人监督

（1）行政监察专员制度

《监察法》在第十四条提出了实行监察官制度。全国范围内各级监察委重新整合了原纪检监察人员以及检察院部分工作人员，监察专员制度也得以确立。

从《监察法》的规定及法律实践上看，我国监察专员主要行使监督、调查、处置①这三项职权。首先是监督权，监察官及其派出的相关工作人员可依法对行使公权力的工作人员进行监督，包括监督其是否依法履职、秉公用权、廉洁从政从业以及道德操守情况。同时，也可以对公职人员进行廉政教育，加强其自身的自律。其次是调查权，监察委主要是对发现的问题进行调查，主要包括涉嫌贪污贿赂、滥用职权、玩忽职守、权力寻租、利益输送、徇私舞弊以及浪费国家资财共七大类具体罪名。第三是处置权，处置方式包括对违法的公职人员依法做出政务处分决定；对履行职责不力、失职失责的领导人员进行问责；对涉嫌职务犯罪的，将调查结果移送人民检察院依法审查、提起公诉；向监察对象所在单位提出监察建议。

2019年后的国家公务员考试设置了监察委的相关职位，包括了英语、经济学、文学、法学、历史学、信息与通信工程、管理学、

---

① 刘珊. 我国监察官制度初探——以十八大以来我国监察体制改革为背景 [D]. 吉林：吉林大学，2019.

广播电视学、广播电视编导、数字媒体技术等多个领域的不同专业，从以上三项职责的建设上，可以看出对监察人员专项职责的要求是高标准的、全面的。笔者认为还可以在监察委员会内部设立专门的行政伦理监督人员，负责监督行政伦理方面法律的实施。处理和解决问题固然重要，但预防和教育也很重要，《监察法》虽然规定监察委可以向公职人员进行廉政教育，但是并没有设置一个专门的部门来承接这项职责，特别是关于行政伦理方面的解读、价值评判、对相关人员的教育引领等，需要专门的人员来完成。因而在监察委内部设置专门的监督行政伦理法律的实施职位，由专门的行政监察专员负责，是比较有效的。

（2）干部监督工作督察员

我国现设有干部监督工作督察员，他们的主要职责是了解被监督地区、部门党委（党组）领导班子及成员和组织部门贯彻执行干部任用条例等情况，因此笔者建议可以同时监督行政伦理法律执行情况。

（3）特邀监察员

我国当前有特邀监察员制度，这是我国行政监察体制改革和完善的一项重大举措。主要内容是：聘请一批政治素质好、参政热情高、有广泛代表性和社会影响力的民主党派成员、无党派人士担任特邀监察员，通过参与监察机关组织的各种专项检查、执法监察等工作，为政府廉政勤政建设献计献策，发挥参谋咨询作用。他们可以对行政伦理方面法律的执行情况进行监督。

结　语

　　行政伦理法制化是一个伟大的历史工程，是需要全民参与的一项"社会净化运动"。行政伦理法制化在其必要性与可能性的基础上获得了美国、韩国以及日本的青睐，而其他国家诸如这方面的制度同样不少。这已充分论证了行政伦理作为规范行政人员行为的一种方式的强大的生命力。

　　行政伦理法制化要取得比较满意的效果，就得从立法、执法、执法监督以及公民教育等环节入手，而且每个环节都非常重要，尤其是前三者。

　　在立法环节中，要注意以行政伦理法为核心的行政伦理法规体系的建立。行政伦理法的内容应包括立法目的、违法的类型以及相应的责任承担方式，违法的类型以及相应的责任承担方式应尽量详细，以使执法者具有可操作性；责任承担方式还应多样化，惩罚力度要大，"违法成本"要高，从惩罚力度上树立行政伦理法的威严，提高其威慑力。当然，为了使行政伦理法具有可操作性，相关的立法机关还应执行相应的行政伦理法规，与行政伦理法一道形成对行政人员的约束机制。

在执法环节中,行政伦理委员会的执法行为的相对独立性要得到充分保证,以防止"权大于法"而致使法律得不到有效贯彻实施,同时在追究违法者的相应责任时还要严格按照有关法律的规定做出处决。

在执法监督环节中,来自权力机关、行政机关、司法机关等正式监督部门以及来自社会的新闻媒体、非政府组织等都需要根据自身的职能来对行政伦理委员会等一系列伦理践行部门的行为进行监督,使其合法、合理地执行行政伦理法;而针对公民教育这一环节,官方教育与社会教育都很重要,尤其是在需要动员全社会人们的历史工程中更显得重要。

只有在上述四个环节共同作用下,行政伦理法制化的目的才能实现,政府腐败行为才能得到彻底根除,行政人员才会受到来自内心伦理的控制而真正维护公共利益。

最后,展望一下我国行政伦理法制化的前景。"行政伦理法制建设在中国目前主要以党内纪律、规则、准则、纪律的方式表达和存在。这些行政伦理法规作为道德规范和法律规范之间的一种中间规范,应当起到差漏补缺,弥补法律和道德空当的作用"[1]。尽管出发点是好的,但现实中,经常出现党纪、政纪、国法等之间界限不清的现象,甚至有时某些地方以党纪代替国法而使那些触犯了国法的党员没有受到应有的处罚。此时,我国诸多学者将目光转向行政伦

---

[1] 鄯爱红. 中国行政伦理法制建设与制度反腐 [J]. 玉溪师范学院学报, 2005 (1): 65.

理立法，在充分论证行政伦理立法在我国的必要性及可能性的基础上，呼吁国家相关部门尽快制定一部伦理法。首先得承认行政伦理立法的迫切性，同时也应该看到仅仅立法远远不够，制定出来的伦理法不一定能得到有效贯彻实施。因此，笔者认为，欲真正发挥行政伦理法在反腐中的作用，就必须从立法、执法、执法监督以及公民教育等四个环节入手，只有这样才能真正找到腐败之根并予以铲除。而有关立法、执法、执法监督以及公民教育等环节则可以根据本国国情并参照美国、韩国以及日本三国在各个方面的可取经验，以真正发挥行政伦理法法制化的作用——从外部控制到内部控制。其中，立法方面：要注重行政伦理法的内容建设以及相关的法规体系的完善；执法方面：保证伦理委员会的独立性以及相当的职权，并设定科学、公正的执法程序；执法监督方面：除了加强权力机关、行政机关以及司法机关等正式监督外，还应引导并强化新闻媒体、非政府组织等非正式监督主体的监督工作。

参考文献

[1] 邓小平. 邓小平文选 [M]. 北京：人民出版社，1994.

[2] 江泽民. 江泽民文选 [M]. 北京：人民出版社，2006.

[3] 曹刚. 法律的道德批判 [M]. 南昌：江西人民出版社，2001.

[4] 冯益谦. 公共伦理学 [M]. 广州：华南理工大学出版社，2004.

[5] 甘文. 行政与法律的一般原理 [M]. 北京：中国法制出版社，2002.

[6] 高力. 公共伦理学 [M]. 北京：高等教育出版社，2006.

[7] 高兆明. 制度公正论 [M]. 上海：上海文艺出版社，2001.

[8] 郭广银，杨明. 当代中国道德建设 [M]. 南京：江苏人民出版社，2000.

[9] 郭夏娟. 公共行政伦理学 [M]. 杭州：浙江大学出版社，2003.

[10] 何颖. 行政学 [M]. 哈尔滨：黑龙江人民出版社，1997.

[11] 何增科. 公民社会与民主治理[M]. 北京: 中央编译出版社, 2007.

[12] 侯树栋. 以德治国概论[M]. 北京: 红旗出版社, 2002.

[13] 胡伟. 政府过程[M]. 杭州: 浙江人民出版社, 1998.

[14] 蒋劲松. 责任政府新论[M]. 北京: 社会科学文献出版社, 2005.

[15] 李春成. 行政人的德性与实践[M]. 上海: 复旦大学出版社, 2003.

[16] 李建华. 行政伦理导论[M]. 长沙: 中南大学出版社, 2005.

[17] 刘伯龙, 竺乾威. 当代中国公共政策[M]. 上海: 复旦大学出版社, 2005.

[18] 刘士文, 傅礼军. 公共管理伦理学[M]. 北京: 中国财政经济出版社, 2003.

[19] 刘祖云. 当代中国公共行政的伦理审视[M]. 北京: 人民出版社, 2006.

[20] 刘祖云. 行政伦理关系研究[M]. 北京: 人民出版社, 2007.

[21] 罗德刚. 行政伦理的理论与实践研究[M]. 北京: 国家行政学院出版社, 2002.

[22] 罗国杰. 伦理学[M]. 北京: 人民出版社, 1989.

[23] 彭和平, 竹立家, 等. 国外公共行政理论精选[M]. 北京: 中共中央党校出版社, 1997.

[24] 浦兴祖. 当代中国政治制度 [M]. 上海：复旦大学出版社, 1999.

[25] 沈亚平. 公共行政研究 [M]. 天津：天津人民出版社, 1999.

[26] 唐兴霖. 公共行政学：历史与思想 [M]. 广州：中山大学出版社, 2000.

[27] 万俊人. 现代公共管理伦理导论 [M]. 北京：人民出版社, 2005.

[28] 汪应曼. 经济转型与道德发展 [M]. 北京：中国财政经济出版社, 2004.

[29] 王伟, 等. 中国韩国行政伦理与廉政建设研究 [M]. 北京：国家行政学院出版社, 1998.

[30] 王伟, 鄯爱红. 行政伦理学 [M]. 北京：人民出版社, 2005.

[31] 王伟. 公共行政伦理读本 [M]. 北京：国家行政学院出版社, 2005.

[32] 王伟. 行政伦理概述 [M]. 北京：人民出版社, 2001.

[33] 王文科. 公共行政的伦理精神 [M]. 哈尔滨：黑龙江人民出版社, 2005.

[34] 王长江, 姜跃, 等. 现代政党执政方式比较研究 [M]. 上海：上海人民出版社, 2002.

[35] 武玉英. 变革社会中的公共行政——前瞻性行政研究 [M]. 北京：北京大学出版社, 2005.

［36］夏书章.行政管理学［M］.第二版.广州：中山大学出版社，1998.

［37］谢军.责任论［M］.上海：上海人民出版社，2007.

［38］应松年.行政法学新论［M］.北京：中国方正出版社，1998.

［39］俞可平.西方政治分析新方法论［M］.北京：人民出版社，1989.

［40］张国庆.行政管理学概论［M］.北京：北京大学出版社，1990.

［41］张康之，李传军.行政伦理学教程［M］.北京：中国人民大学出版社，2004.

［42］张康之.公共行政中的哲学与伦理［M］.北京：中国人民大学出版社，2004.

［43］张康之.公共管理伦理学［M］.北京：中国人民大学出版社，2003.

［44］张康之.行政伦理学教程［M］.北京：中国传媒大学出版社，2006.

［45］张康之.寻找公共行政的伦理视角［M］.北京：中国人民大学出版社，2002.

［46］张子良.公务员制度与行政现代化［M］.上海：上海社会科学院出版社，2007.

［47］章海山.伦理学引论［M］.北京：高等教育出版社，2009.

[48] 中共中央文献研究室. 十六大以来重要文献选编 [M]. 北京：中央文献出版社, 2006.

[49] 周奋进. 转型期的行政伦理 [M]. 北京：中国审计出版社, 2000.

[50] [美] 阿奇博尔德·考克斯. 法院与宪法 [M]. 田雷, 译. 北京：北京大学出版社, 2006.

[51] [美] 埃德加·博登海默. 法理学—法哲学及其方法 [M]. 邓正来, 姬敬武, 译. 北京：华夏出版社, 1987.

[52] [美] 安东尼·唐斯. 官僚制内幕 [M]. 郭小聪, 等译. 北京：中国人民大学出版社, 2006.

[53] [美] B. 盖伊·彼得斯. 官僚政治 [M]. 第四版. 张成福, 王学栋, 韩兆柱, 等译. 北京：中国人民大学出版社, 2006.

[54] [美] 戴维·H. 罗森布鲁姆, 罗伯特·S. 克拉夫丘克. 公共行政学：管理、政治和法律的途径 [M]. 张成福, 等校译. 北京：中国人民大学出版社, 2002.

[55] [澳] 欧文·E. 休斯. 公共管理导论 [M]. 张成福, 王学栋, 等译. 北京：中国人民大学出版社, 2001.

[56] [美] 菲利克斯·A. 尼格罗, 劳埃德·G. 尼格罗. 公共行政学简明教程 [M]. 郭晓来, 等译. 彭和平, 等校. 北京：中共中央党校出版社, 1997.

[57] [美] 富勒. 法律的道德性 [M]. 郑戈, 译. 北京：商务印书馆, 2005.

[58] [美] 加布里埃尔·A. 阿尔蒙德等. 比较政治学体系、过

程和政策[M].曹沛霖,等译.北京:东方出版社,2007.

[59][美]罗伯特·A.达尔.现代政治分析[M].王沪宁,译.上海:上海译文出版社,1987.

[60][美]罗伯特·B.登哈特,珍妮特·V.登哈特.新公共服务——服务,而不是掌舵[M].丁煌,译.北京:中国人民大学出版社,2004.

[61][美]罗伯特·B.登哈特.公共组织理论[M].第三版.扶松茂,丁力,译.北京:中国人民大学出版社,2003.

[62][美]马国泉.行政伦理:美国的理论与实践[M].上海:复旦大学出版社,2006.

[63][美]迈克尔·罗斯金,等.政治科学[M].第六版.林震,等译.北京:华夏出版社,2001.

[64][法]孟德斯鸠.论法的精神[M].张雁深,译.北京:商务印书馆,1978.

[65][美]乔治·弗雷德里克森.公共行政的精神[M].张成福,刘霞,张璋,等译.北京:中国人民大学出版社,2003.

[66][美]塞缪尔·亨廷顿.变革社会中的政治秩序[M].李盛平,杨玉生,等译.北京:华夏出版社,1988.

[67][美]世界银行专家组.公共部门的社会问责:理论探讨及模式分析[M].宋涛,译.北京:中国人民大学出版社,2007.

[68][美]特里·L.库珀.行政伦理学:实现行政责任的途径[M].第四版.张秀琴,译.北京:中国人民大学出版社,2001.

[69][英]亚当·斯密.道德情操论[M].谢宗林,译.北

京：中央编译出版社，2008.

[70] [古希腊] 亚里士多德. 尼各马可伦理学 [M]. 廖申白，译. 北京：商务印书馆，2003.

[71] [古希腊] 亚里士多德. 政治学 [M]. 吴寿彭，译. 北京：商务印书馆，1965.

[72] [英] 约翰·洛克. 政府论 [M]. 杨思派，译. 北京：九州出版社，2007.

[73] [美] 詹姆斯·W. 费斯勒，唐纳德·F. 凯特尔. 行政过程的政治——公共行政学新论 [M]. 第二版. 陈振明，朱芳芳，等译校. 北京：中国人民大学出版社，2002.

[74] 曹淑芹. 论行政人员的个人伦理自主性 [J]. 内蒙古大学学报（人文社会科学版），2003（5）.

[75] 陈昊，谭先第，庞煜. 服务型政府视角下行政伦理建设路径探析 [J]. 中共桂林市委党校学报，2016（1）.

[76] 陈丽. 论我国行政人员道德责任意识的培育 [J]. 科学社会主义，2003（5）.

[77] 陈晓辉. "法制"与"法治"辨析 [J]. 甘肃政法学院学报，1995（3）.

[78] 陈振川. 构筑行政人责任伦理的若干思考 [J]. 四川行政学院学报，2006（2）.

[79] 程建华，梁飞. 试析行政责任冲突的伦理决策 [J]. 行政论坛，2004（6）.

[80] 代艳丽，王有香. 试论道德法律化及其限度 [J]. 广州社

会主义学院学报，2004（3）.

［81］戴木才，曾敏. 西方行政伦理研究的兴起与研究视界［J］. 中共中央党校学报，2003（2）.

［82］党秀云. 论当代政府职业道德建设［J］. 中国行政管理，1996（3）.

［83］丁春霞. 完善我国行政伦理监督机制的思考［J］. 法制与社会，2019（18）.

［84］范进学. 论道德法律化和法律道德化［J］. 法学评论，1998（2）.

［85］高云. 国外行政伦理发展的重要经验［J］. 中国行政管理，2016（12）.

［86］郭小聪，聂勇浩. 行政伦理：降低行政官员道德风险的有效途径［J］. 中山大学学报（社会科学版），2003（1）.

［87］郭永生. 道德法律化研究述评［J］. 广西政法管理干部学院学报，2004（1）.

［88］洪巍城. 中国当代行政伦理的希望哲学向度与价值蕴涵［J］. 宜春学院学报，2017（7）.

［89］胡滨. 行政人员的角色定位及道德困境分析［J］. 浙江学刊，2005（4）.

［90］胡冰. 服务型政府的行政伦理观——西方新公共管理运动的启示［J］. 求实，2006（S1）.

［91］胡林英. 美国行政伦理学的研究及发展状况［J］. 道德与文明，2001（5）.

[92] 黄雪岚. 论加强我国公务员行政伦理道德建设 [J]. 福建行政学院福建经济管理干部学院学报, 2005 (S1).

[93] 蒋伟, 张志兵. 当代中国行政伦理责任的基本内涵 [J]. 许昌学院学报, 2005 (1).

[94] 蒋云根. 以德行政与行政伦理法制化建设 [J]. 广东行政学院学报, 2007 (4).

[95] 教军章. 行政伦理的双重维度——制度伦理与个体伦理 [J]. 人文杂志, 2003 (3).

[96] 孔凡宏. 中西方行政伦理建设差异比较 [J]. 中共福建省委党校学报, 2002 (8).

[97] 李春成. 制度、裁量权与德性——关于行政伦理建设的一点思考 [J]. 江苏行政学院学报, 2001 (3).

[98] 李靖. 关于行政伦理责任与行政伦理行为选择困境的几点认识 [J]. 东北师大学报, 2005 (3).

[99] 李俊彦. 行政伦理责任探究 [J]. 哈尔滨学院学报, 2006 (5).

[100] 李文良. 契约: 西方国家行政伦理关系的基石 [J]. 北京科技大学学报 (社会科学版), 2005 (4).

[101] 李文良. 西方国家行政伦理的内涵及其特点 [J]. 华北电力大学学报 (社会科学版), 2001 (2)

[102] 李晓光. 有关行政伦理责任理念的几个问题 [J]. 胜利油田党校学报, 2004 (1).

[103] 李永军. 论社会转型期的行政伦理建设 [J]. 行政论坛,

2006（3）.

［104］李铮强.《日本国家公务员伦理法》简介［J］. 中国公务员，2000（4）.

［105］林华山. 美国行政伦理监督中的非营利组织［J］. 行政论坛，2008（2）.

［106］刘法威，刘劲松. 论行政人员的伦理自主性［J］. 长春工程学院学报（社会科学版），2005（1）.

［107］刘可风. 论中国行政伦理问题及其实质［J］. 武汉大学学报（人文科学版），2003（3）.

［108］刘丽伟. 发达国家公共行政中伦理价值的确立与启示［J］. 学术交流，2006（2）.

［109］刘玉东. 廉政意识的伦理分析与塑造［J］. 福建论坛（社科教育版），2008（12）.

［110］刘祖云，王彬彬. 责任政府：行政问责从学术、立法到机制的逻辑［J］. 学术界，2008（5）.

［111］刘祖云. 行政伦理何以可能：研究进路与反思［J］. 江海学刊，2005（1）.

［112］刘祖云. 行政作风建设由伦理走向法治［J］. 社会科学家，2004（3）.

［113］龙兴海. 行政责任的伦理分析［J］. 湖南行政学院学报，2003（6）.

［114］卢少求. 试析行政组织中的伦理责任及其规避［J］. 毛泽东邓小平理论研究，2004（11）.

[115] 卢少求. 行政人员行政选择中的伦理性冲突与评价 [J]. 皖西学院学报, 2004 (4).

[116] 卢少求. 行政组织中责任问题的伦理性 [J]. 阜阳师范学院学报（社会科学版）, 2004 (5).

[117] 罗德刚. 行政伦理的基础价值观：公正和正义 [J]. 社会科学研究, 2002 (3).

[118] 彭凯云, 梁秋化. 道德的法律化分析 [J]. 广西社会科学, 2002 (1).

[119] 彭永捷, 牛京辉. 论伦理建设与道德建设 [J]. 现代哲学, 1999 (1).

[120] 钱广荣. 关于制度伦理与伦理制度建设问题的几点思考 [J]. 江淮论坛, 1999 (4).

[121] 秦学京, 秦学燕. 行政伦理建设的路径探索 [J]. 人民论坛, 2016 (17).

[122] 邱菊仪. 浅析行政伦理在当代社会的重要性 [J]. 南方论刊, 2016 (10).

[123] 邱群生, 吴延芝. 论公务员行政行为的伦理选择 [J]. 山东行政学院山东省经济管理干部学院学报, 2006 (3).

[124] 任喜荣. "伦理法"的是与非 [J]. 吉林大学社会科学学报, 2001 (6).

[125] 任勇. 韩国反腐败进程及其经验 [J]. 国际资料信息, 2007 (4).

[126] 桑玉成. 论"财产申报"和"收入申报" [J]. 探索与

争鸣, 2000 (8).

[127] 鄢爱红. 中国行政伦理法制建设与制度反腐 [J]. 玉溪师范学院学报, 2005 (1).

[128] 邵春明, 王驰. 西方行政伦理的历史演进及其对我国的启示 [J]. 甘肃行政学院学报, 2005 (1).

[129] 苏平富. 服务型社会治理模式下的行政伦理制度建设 [J]. 学术论坛, 2004 (4).

[130] 孙政, 齐心. 公务员职业角色定位与行政伦理建设 [J]. 辽宁教育行政学院学报, 2006 (5).

[131] 谭培文. 行政伦理是一种责任伦理 [J]. 成都行政学院学报（哲学社会科学）, 2003 (1).

[132] 唐土红. 基于行政伦理的政府公信力构建 [J]. 理论探索, 2016 (1).

[133] 王锋, 田海平. 国内行政伦理研究综述 [J]. 哲学动态, 2003 (11).

[134] 王广辉. 公民概念的内涵及其意义 [J]. 河南省政法管理干部学院学报, 2008 (1).

[135] 王珏. 组织伦理与当代道德哲学范式的转换 [J]. 哲学研究, 2007 (4).

[136] 王珉. 责任——现代行政管理学的核心范畴 [J]. 中国行政管理, 2004 (11).

[137] 王淑芹. 道德法律化正当性的法哲学分析 [J]. 哲学动态, 2007 (9).

[138] 王伟. 美国行政伦理的立法、管理与监督 [J]. 新视野, 1996 (1).

[139] 王伟. 行政伦理道德人格形成的三个阶段 [J]. 中国公务员杂志, 1996 (12).

[140] 王伟. 行政伦理界说 [J]. 北京行政学院学报, 1999 (4).

[141] 王伟. 行政伦理与国际反腐败 [J]. 新视野, 1997 (2).

[142] 王源林, 杨极云. 论转型期我国行政伦理制度的建设 [J]. 哈尔滨学院学报, 2004 (3).

[143] 王正平. 当代美国行政伦理的理论与实践 [J]. 伦理学研究, 2003 (4).

[144] 萧鸣政, 郝路. 行政伦理制度建设水平评价标准与方法的量化研究 [J]. 行政论坛, 2020 (4).

[145] 肖萍. 论公务员职业道德法制化建设 [J]. 求实, 2001 (9).

[146] 肖向平. 公务员个体自主性的伦理思考 [J]. 桂海论丛, 2006 (6).

[147] 肖勇. 行政伦理失范的克服途径：行政伦理制度化 [J]. 广东行政学院学报, 2003 (3).

[148] 谢军. 行政伦理及其建设平台 [J]. 道德与文明, 2002 (4).

[149] 邢传, 李文钊. 西方行政伦理探源——兴起、原因及其历史演进 [J]. 天府新论, 2004 (1).

[150] 熊建生.论公民道德建设的法律支持[J].武汉大学学报（社会科学版），2003（4）.

[151] 徐俊.道德法律化的原理与实践探析[J].河海大学学报（哲学社会科学版），2004（1）.

[152] 许淑萍.关于在我国建立行政伦理组织的思考[J].黑龙江社会科学，2006（6）.

[153] 许亦男，曾慧敏.西方行政伦理的中国适应性[J].时代金融，2017（12）.

[154] 闫文倩.传统行政伦理在当代行政伦理建设中的转换[J].管理观察，2019（20）.

[155] 严波.浅析和谐社会中的政府行政伦理建设——美国经验的启示[J].国家教育行政学院学报，2006（10）.

[156] 严波.试析和谐社会中的政府行政伦理建设——美国经验的启示[J].北京行政学院学报，2006（5）.

[157] 杨明.试论转型期的行政伦理建设[J].贵州大学学报（社会科学版），2004（2）.

[158] 杨翔.由法制的道德化走向道德的法制化[J].长沙电力学院（社会科学学报），1997（2）.

[159] 俞可平.公正与善政[J].南昌大学学报（人文社会科学版），2007（4）.

[160] 郁建兴，黄红华.2006年中国公共管理研究前沿报告[J].公共行政，2007（10）.

[161] 袁准.中韩行政伦理比较及其启示[J].理论界，2006

(12).

[162] 张成福. 责任政府论 [J]. 中国人民大学学报, 2000 (2).

[163] 张康之. 论公共管理者的价值选择 [J]. 中共中央党校学报, 2003 (4).

[164] 张康之. 论社会治理中的法治与德治 [J]. 学术论坛, 2003 (5).

[165] 张康之. 行政人员的道德自主性及其合作治理 [J]. 中共福建省委党校学报, 2006 (8).

[166] 张宁. 试析当代中国的行政伦理现状、成因及对策 [J]. 内蒙古民族大学学报, 2012 (1).

[167] 张平, 张颖. 加强行政伦理建设的有效途径——制度化自律与道德驱动自律的结合 [J]. 东北大学学报（社会科学版）, 2003 (3).

[168] 赵健全. 论人性善恶的道德判断与伦理选择 [J]. 漳州师范学院学报（哲学社会科学版）, 2001 (4).

[169] 赵媛. 行政伦理监督机制的思考 [J]. 劳动保障世界, 2018 (33).

[170] 真锅俊二, 周实. 现代日本的改革和伦理——以政治伦理和公务员伦理为中心 [J]. 东北大学学报（社会科学版）, 2002 (1).

[171] 周会韬, 孙珺祎. 西方行政伦理：公共行政理论视野中的嬗变 [J]. 萍乡高等专科学校学报, 2006 (1).

[172] 周建民. 美国政府伦理的历史演变及启示 [J]. 国家行政学院学报, 2002 (3).

[173] 周建勇. 从行政伦理看行政人员的角色冲突及其对策 [J]. 云南行政学院学报, 2005 (4).

[174] 周实, 刘亚静. 日本《国家公务员伦理法》的特征及启示 [J]. 东北大学学报 (社会科学版), 2006 (1).

[175] 祝建兵. 试论行政伦理法制化建设 [J]. 皖西学院学报, 2002 (6).

[176] 祝丽生, 郭燕. 公务员行政伦理建设的现状及其发展保障 [J]. 中共杭州市委党校学报, 2006 (2).

[177] GORLIN R A. Codes of Professional Responsibility [M]. Washington D C: The Bureau of National, Inc., 1986.

[178] PRESTON N. Understanding Ethics [M]. Sydney: Federation Press, 1996.

[179] TUSSMAN J. Obligation and the Body Politic [M]. New York: Oxford University Press, 1960.

[180] BAILEY S K. Ethics and Public Service [J]. Public Administration Review, 2001, 6 (3).

[181] BRUCE W. Ethics and Administration [J]. Public Administration Review, 1992 (1).

[182] BOWMAN J S. Ethics in Government: A National Survey of Public Administrators [J]. Public Administration Review, 1990, 50 (3).

[183] FORD R C, RICHARDSON W D. Ethical Decision Making: A Review of the Empirical Literature [J]. Journal of Business Ethics, 1994, 13.

[184] MICHAEL B. Questioning Public Sector Accountability [J]. Public Integrity Spring, 2005, 7 (2).

[185] ROBERT W. Smith A Comparison of the Ethics Infrastructure in China and the United [J]. States Public Integrity, 2004, 6 (4).

[186] WALDO D. Reflections on Public Morality [J]. Administration and Society, 1974, 6 (3).

附　录

附录一　中国共产党廉洁自律准则

中国共产党全体党员和各级党员领导干部必须坚定共产主义理想和中国特色社会主义信念，必须坚持全心全意为人民服务根本宗旨，必须继承发扬党的优良传统和作风，必须自觉培养高尚道德情操，努力弘扬中华民族传统美德，廉洁自律，接受监督，永葆党的先进性和纯洁性。

党员廉洁自律规范

第一条　坚持公私分明，先公后私，克己奉公。

第二条　坚持崇廉拒腐，清白做人，干净做事。

第三条　坚持尚俭戒奢，艰苦朴素，勤俭节约。

第四条　坚持吃苦在前，享受在后，甘于奉献。

党员领导干部廉洁自律规范

第五条　廉洁从政，自觉保持人民公仆本色。

第六条　廉洁用权，自觉维护人民根本利益。

第七条　廉洁修身，自觉提升思想道德境界。

第八条　廉洁齐家，自觉带头树立良好家风。

附录二　中国共产党问责条例

第一条　为了坚持党的领导，加强党的建设，全面从严治党，保证党的路线方针政策和党中央重大决策部署贯彻落实，规范和强化党的问责工作，根据《中国共产党章程》，制定本条例。

第二条　党的问责工作坚持以马克思列宁主义、毛泽东思想、邓小平理论、"三个代表"重要思想、科学发展观、习近平新时代中国特色社会主义思想为指导，增强"四个意识"，坚定"四个自信"，坚决维护习近平总书记党中央的核心、全党的核心地位，坚决维护党中央权威和集中统一领导，围绕统筹推进"五位一体"总体布局和协调推进"四个全面"战略布局，落实管党治党政治责任，督促各级党组织、党的领导干部负责守责尽责，践行忠诚干净担当。

第三条　党的问责工作应当坚持以下原则：

（一）依规依纪、实事求是；

（二）失责必问、问责必严；

（三）权责一致、错责相当；

（四）严管和厚爱结合、激励和约束并重；

（五）惩前毖后、治病救人；

（六）集体决定、分清责任。

第四条 党委（党组）应当履行全面从严治党主体责任，加强对本地区本部门本单位问责工作的领导，追究在党的建设、党的事业中失职失责党组织和党的领导干部的主体责任、监督责任、领导责任。

纪委应当履行监督专责，协助同级党委开展问责工作。纪委派驻（派出）机构按照职责权限开展问责工作。

党的工作机关应当依据职能履行监督职责，实施本机关本系统本领域的问责工作。

第五条 问责对象是党组织、党的领导干部，重点是党委（党组）、党的工作机关及其领导成员，纪委、纪委派驻（派出）机构及其领导成员。

第六条 问责应当分清责任。党组织领导班子在职责范围内负有全面领导责任，领导班子主要负责人和直接主管的班子成员在职责范围内承担主要领导责任，参与决策和工作的班子成员在职责范围内承担重要领导责任。

对党组织问责的，应当同时对该党组织中负有责任的领导班子成员进行问责。

党组织和党的领导干部应当坚持把自己摆进去、把职责摆进去、把工作摆进去，注重从自身找问题、查原因，勇于担当、敢于负责，不得向下级党组织和干部推卸责任。

第七条 党组织、党的领导干部违反党章和其他党内法规，不履行或者不正确履行职责，有下列情形之一，应当予以问责：

（一）党的领导弱化，"四个意识"不强，"两个维护"不力，党的基本理论、基本路线、基本方略没有得到有效贯彻执行，在贯彻新发展理念，推进经济建设、政治建设、文化建设、社会建设、生态文明建设中，出现重大偏差和失误，给党的事业和人民利益造成严重损失，产生恶劣影响的；

（二）党的政治建设抓得不实，在重大原则问题上未能同党中央保持一致，贯彻落实党的路线方针政策和执行党中央重大决策部署不力，不遵守重大事项请示报告制度，有令不行、有禁不止，阳奉阴违、欺上瞒下，团团伙伙、拉帮结派问题突出，党内政治生活不严肃不健康，党的政治建设工作责任制落实不到位，造成严重后果或者恶劣影响的；

（三）党的思想建设缺失，党性教育特别是理想信念宗旨教育流于形式，意识形态工作责任制落实不到位，造成严重后果或者恶劣影响的；

（四）党的组织建设薄弱，党建工作责任制不落实，严重违反民主集中制原则，不执行领导班子议事决策规则，民主生活会、"三会一课"等党的组织生活制度不执行，领导干部报告个人有关事项制度执行不力，党组织软弱涣散，违规选拔任用干部等问题突出，造成恶劣影响的；

（五）党的作风建设松懈，落实中央八项规定及其实施细则精神不力，"四风"问题得不到有效整治，形式主义、官僚主义问题突出，执行党中央决策部署表态多调门高、行动少落实差，脱离实际、脱离群众，拖沓敷衍、推诿扯皮，造成严重后果的；

（六）党的纪律建设抓得不严，维护党的政治纪律、组织纪律、廉洁纪律、群众纪律、工作纪律、生活纪律不力，导致违规违纪行为多发，造成恶劣影响的；

（七）推进党风廉政建设和反腐败斗争不坚决、不扎实，削减存量、遏制增量不力，特别是对不收敛、不收手，问题线索反映集中、群众反映强烈，政治问题和经济问题交织的腐败案件放任不管，造成恶劣影响的；

（八）全面从严治党主体责任、监督责任落实不到位，对公权力的监督制约不力，好人主义盛行，不负责不担当，党内监督乏力，该发现的问题没有发现，发现问题不报告不处置，领导巡视巡察工作不力，落实巡视巡察整改要求走过场、不到位，该问责不问责，造成严重后果的；

（九）履行管理、监督职责不力，职责范围内发生重特大生产安全事故、群体性事件、公共安全事件，或者发生其他严重事故、事件，造成重大损失或者恶劣影响的；

（十）在教育医疗、生态环境保护、食品药品安全、扶贫脱贫、社会保障等涉及人民群众最关心最直接最现实的利益问题上不作为、乱作为、慢作为、假作为，损害和侵占群众利益问题得不到整治，以言代法、以权压法、徇私枉法问题突出，群众身边腐败和作风问题严重，造成恶劣影响的；

（十一）其他应当问责的失职失责情形。

第八条 对党组织的问责，根据危害程度以及具体情况，可以采取以下方式：

（一）检查。责令作出书面检查并切实整改。

（二）通报。责令整改，并在一定范围内通报。

（三）改组。对失职失责，严重违犯党的纪律、本身又不能纠正的，应当予以改组。

对党的领导干部的问责，根据危害程度以及具体情况，可以采取以下方式：

（一）通报。进行严肃批评，责令作出书面检查、切实整改，并在一定范围内通报。

（二）诫勉。以谈话或者书面方式进行诫勉。

（三）组织调整或者组织处理。对失职失责、危害较重，不适宜担任现职的，应当根据情况采取停职检查、调整职务、责令辞职、免职、降职等措施。

（四）纪律处分。对失职失责、危害严重，应当给予纪律处分的，依照《中国共产党纪律处分条例》追究纪律责任。

上述问责方式，可以单独使用，也可以依据规定合并使用。问责方式有影响期的，按照有关规定执行。

第九条　发现有本条例第七条所列问责情形，需要进行问责调查的，有管理权限的党委（党组）、纪委、党的工作机关应当经主要负责人审批，及时启动问责调查程序。其中，纪委、党的工作机关对同级党委直接领导的党组织及其主要负责人启动问责调查，应当报同级党委主要负责人批准。

应当启动问责调查未及时启动的，上级党组织应当责令有管理权限的党组织启动。根据问题性质或者工作需要，上级党组织可以直接启动问责调查，也可以指定其他党组织启动。

对被立案审查的党组织、党的领导干部问责的，不再另行启动问责调查程序。

第十条 启动问责调查后，应当组成调查组，依规依纪依法开展调查，查明党组织、党的领导干部失职失责问题，综合考虑主客观因素，正确区分贯彻执行党中央或者上级决策部署过程中出现的执行不当、执行不力、不执行等不同情况，精准提出处理意见，做到事实清楚、证据确凿、依据充分、责任分明、程序合规、处理恰当，防止问责不力或者问责泛化、简单化。

第十一条 查明调查对象失职失责问题后，调查组应当撰写事实材料，与调查对象见面，听取其陈述和申辩，并记录在案；对合理意见，应当予以采纳。调查对象应当在事实材料上签署意见，对签署不同意见或者拒不签署意见的，调查组应当作出说明或者注明情况。

调查工作结束后，调查组应当集体讨论，形成调查报告，列明调查对象基本情况、调查依据、调查过程，问责事实，调查对象的态度、认识及其申辩，处理意见以及依据，由调查组组长以及有关人员签名后，履行审批手续。

第十二条 问责决定应当由有管理权限的党组织作出。

对同级党委直接领导的党组织，纪委和党的工作机关报经同级党委或者其主要负责人批准，可以采取检查、通报方式进行问责。采取改组方式问责的，按照党章和有关党内法规规定的权限、程序执行。

对同级党委管理的领导干部，纪委和党的工作机关报经同级党委或者其主要负责人批准，可以采取通报、诫勉方式进行问责；提出组织调整或者组织处理的建议。采取纪律处分方式问责的，按照党章和有关党内法规规定的权限、程序执行。

第十三条　问责决定作出后，应当及时向被问责党组织、被问责领导干部及其所在党组织宣布并督促执行。有关问责情况应当向纪委和组织部门通报，纪委应当将问责决定材料归入被问责领导干部廉政档案，组织部门应当将问责决定材料归入被问责领导干部的人事档案，并报上一级组织部门备案；涉及组织调整或者组织处理的，相应手续应当在1个月内办理完毕。

被问责领导干部应当向作出问责决定的党组织写出书面检讨，并在民主生活会、组织生活会或者党的其他会议上作出深刻检查。建立健全问责典型问题通报曝光制度，采取组织调整或者组织处理、纪律处分方式问责的，应当以适当方式公开。

第十四条　被问责党组织、被问责领导干部及其所在党组织应当深刻汲取教训，明确整改措施。作出问责决定的党组织应当加强督促检查，推动以案促改。

第十五条　需要对问责对象作出政务处分或者其他处理的，作出问责决定的党组织应当通报相关单位，相关单位应当及时处理并将结果通报或者报告作出问责决定的党组织。

第十六条　实行终身问责，对失职失责性质恶劣、后果严重的，不论其责任人是否调离转岗、提拔或者退休等，都应当严肃问责。

第十七条　有下列情形之一的，可以不予问责或者免予问责：

（一）在推进改革中因缺乏经验、先行先试出现的失误，尚无明确限制的探索性试验中的失误，为推动发展的无意过失；

（二）在集体决策中对错误决策提出明确反对意见或者保留意见的；

（三）在决策实施中已经履职尽责，但因不可抗力、难以预见等因素造成损失的。

对上级错误决定提出改正或者撤销意见未被采纳，而出现本条例第七条所列问责情形的，依照前款规定处理。上级错误决定明显违法违规的，应当承担相应的责任。

第十八条 有下列情形之一，可以从轻或者减轻问责：

（一）及时采取补救措施，有效挽回损失或者消除不良影响的；

（二）积极配合问责调查工作，主动承担责任的；

（三）党内法规规定的其他从轻、减轻情形。

第十九条 有下列情形之一，应当从重或者加重问责：

（一）对党中央、上级党组织三令五申的指示要求，不执行或者执行不力的；

（二）在接受问责调查和处理中，不如实报告情况，敷衍塞责、推卸责任，或者唆使、默许有关部门和人员弄虚作假，阻挠问责工作的；

（三）党内法规规定的其他从重、加重情形。

第二十条 问责对象对问责决定不服的，可以自收到问责决定之日起1个月内，向作出问责决定的党组织提出书面申诉。作出问责决定的党组织接到书面申诉后，应当在1个月内作出申诉处理决定，并以书面形式告知提出申诉的党组织、领导干部及其所在党组织。

申诉期间，不停止问责决定的执行。

第二十一条　问责决定作出后，发现问责事实认定不清楚、证据不确凿、依据不充分、责任不清晰、程序不合规、处理不恰当，或者存在其他不应当问责、不精准问责情况的，应当及时予以纠正。必要时，上级党组织可以直接纠正或者责令作出问责决定的党组织予以纠正。

党组织、党的领导干部滥用问责，或者在问责工作中严重不负责任，造成不良影响的，应当严肃追究责任。

第二十二条　正确对待被问责干部，对影响期满、表现好的干部，符合条件的，按照干部选拔任用有关规定正常使用。

第二十三条　本条例所涉及的审批权限均指最低审批权限，工作中根据需要可以按照更高层级的审批权限报批。

第二十四条　纪委派驻（派出）机构除执行本条例外，还应当执行党中央以及中央纪委相关规定。

第二十五条　中央军事委员会可以根据本条例制定相关规定。

第二十六条　本条例由中央纪律检查委员会负责解释。

第二十七条　本条例自2019年9月1日起施行。2016年7月8日中共中央印发的《中国共产党问责条例》同时废止。此前发布的有关问责的规定，凡与本条例不一致的，按照本条例执行。

附录三　中央政治局关于改进工作作风、密切联系群众的八项规定

（1）要改进调查研究，到基层调研要深入了解真实情况，总结经验、研究问题、解决困难、指导工作，向群众学习、向实践学习，多同群众座谈，多同干部谈心，多商量讨论，多解剖典型，多到困难和矛盾集中、群众意见多的地方去，切忌走过场、搞形式主义；要轻车简从、减少陪同、简化接待，不张贴悬挂标语横幅，不安排群众迎送，不铺设迎宾地毯，不摆放花草，不安排宴请。

（2）要精简会议活动，切实改进会风，严格控制以中央名义召开的各类全国性会议和举行的重大活动，不开泛泛部署工作和提要求的会，未经中央批准一律不出席各类剪彩、奠基活动和庆祝会、纪念会、表彰会、博览会、研讨会及各类论坛；提高会议实效，开短会、讲短话，力戒空话、套话。

（3）要精简文件简报，切实改进文风，没有实质内容、可发可不发的文件、简报一律不发。

（4）要规范出访活动，从外交工作大局需要出发合理安排出访活动，严格控制出访随行人员，严格按照规定乘坐交通工具，一般不安排中资机构、华侨华人、留学生代表等到机场迎送。

（5）要改进警卫工作，坚持有利于联系群众的原则，减少交通管制，一般情况下不得封路、不清场闭馆。

（6）要改进新闻报道，中央政治局同志出席会议和活动应根据工作需要、新闻价值、社会效果决定是否报道，进一步压缩报道的数量、字数、时长。

（7）要严格文稿发表，除中央统一安排外，个人不公开出版著作、讲话单行本，不发贺信、贺电，不题词、题字。

（8）要厉行勤俭节约，严格遵守廉洁从政有关规定，严格执行住房、车辆配备等有关工作和生活待遇的规定。

附录四　关于实行党风廉政建设责任制的规定

（2010年11月10日）

第一章　总　则

第一条　为了加强党风廉政建设，明确领导班子、领导干部在党风廉政建设中的责任，推动科学发展，促进社会和谐，提高党的执政能力，保持和发展党的先进性，根据《中华人民共和国宪法》和《中国共产党章程》，制定本规定。

第二条　本规定适用于各级党的机关、人大机关、行政机关、政协机关、审判机关、检察机关的领导班子、领导干部。

人民团体、国有和国有控股企业（含国有和国有控股金融企业）、事业单位的领导班子、领导干部参照执行本规定。

第三条　实行党风廉政建设责任制，要以邓小平理论和"三个代表"重要思想为指导，深入贯彻落实科学发展观，坚持党要管党、从严治党，坚持标本兼治、综合治理、惩防并举、注重预防，扎实推进惩治和预防腐败体系建设，保证党中央、国务院关于党风廉政建设的决策和部署的贯彻落实。

第四条 实行党风廉政建设责任制，要坚持党委统一领导，党政齐抓共管，纪委组织协调，部门各负其责，依靠群众的支持和参与。要把党风廉政建设作为党的建设和政权建设的重要内容，纳入领导班子、领导干部目标管理，与经济建设、政治建设、文化建设、社会建设以及生态文明建设和业务工作紧密结合，一起部署，一起落实，一起检查，一起考核。

第五条 实行党风廉政建设责任制，要坚持集体领导与个人分工负责相结合，谁主管、谁负责，一级抓一级、层层抓落实。

第二章 责任内容

第六条 领导班子对职责范围内的党风廉政建设负全面领导责任。

领导班子主要负责人是职责范围内的党风廉政建设第一责任人，应当重要工作亲自部署、重大问题亲自过问、重点环节亲自协调、重要案件亲自督办。

领导班子其他成员根据工作分工，对职责范围内的党风廉政建设负主要领导责任。

第七条 领导班子、领导干部在党风廉政建设中承担以下领导责任：

（一）贯彻落实党中央、国务院以及上级党委（党组）、政府和纪检监察机关关于党风廉政建设的部署和要求，结合实际研究制定党风廉政建设工作计划、目标要求和具体措施，每年召开专题研究党风廉政建设的党委常委会议（党组会议）和政府廉政建设工作会议，对党风廉政建设工作任务进行责任分解，明确领导班子、领导干部在党风廉政建设中的职责和任务分工，并按照计划推动落实；

（二）开展党性党风党纪和廉洁从政教育，组织党员、干部学习党风廉政建设理论和法规制度，加强廉政文化建设；

（三）贯彻落实党风廉政法规制度，推进制度创新，深化体制机制改革，从源头上预防和治理腐败；

（四）强化权力制约和监督，建立健全决策权、执行权、监督权既相互制约又相互协调的权力结构和运行机制，推进权力运行程序化和公开透明；

（五）监督检查本地区、本部门、本系统的党风廉政建设情况和下级领导班子、领导干部廉洁从政情况；

（六）严格按照规定选拔任用干部，防止和纠正选人用人上的不正之风；

（七）加强作风建设，纠正损害群众利益的不正之风，切实解决党风政风方面存在的突出问题；

（八）领导、组织并支持执纪执法机关依纪依法履行职责，及时听取工作汇报，切实解决重大问题。

第三章 检查考核与监督

第八条 党委（党组）应当建立党风廉政建设责任制的检查考核制度，建立健全检查考核机制，制定检查考核的评价标准、指标体系，明确检查考核的内容、方法、程序。

第九条　党委（党组）应当建立健全党风廉政建设责任制领导小组，负责对下一级领导班子、领导干部党风廉政建设责任制执行情况的检查考核。

第十条　检查考核工作每年进行一次。检查考核可以与领导班子、领导干部工作目标考核、年度考核、惩治和预防腐败体系建设检查工作等结合进行，也可以组织专门检查考核。

检查考核情况应当及时向同级党委（党组）报告。

第十一条　党委（党组）应当将检查考核情况在适当范围内通报。对检查考核中发现的问题，要及时研究解决，督促整改落实。

第十二条　党委（党组）应当建立和完善检查考核结果运用制度。检查考核结果作为对领导班子总体评价和领导干部业绩评定、奖励惩处、选拔任用的重要依据。

第十三条　纪检监察机关（机构）、组织人事部门协助同级党委（党组）开展对党风廉政建设责任制执行情况的检查考核，或者根据职责开展检查工作。

第十四条　党委常委会应当将执行党风廉政建设责任制的情况，作为向同级党的委员会全体会议报告工作的一项重要内容。

第十五条　领导干部执行党风廉政建设责任制的情况，应当列为民主生活会和述职述廉的重要内容，并在本单位、本部门进行评议。

第十六条　党委（党组）应当将贯彻落实党风廉政建设责任制的情况，每年专题报告上一级党委（党组）和纪委。

第十七条　中央和省、自治区、直辖市党委巡视组应当依照巡视工作的有关规定，加强对有关党组织领导班子及其成员执行党风廉政建设责任制情况的巡视监督。

第十八条 党委（党组）应当结合本地区、本部门、本系统实际，建立走访座谈、社会问卷调查等党风廉政建设社会评价机制，动员和组织党员、群众有序参与，广泛接受监督。

第四章 责任追究

第十九条 领导班子、领导干部违反或者未能正确履行本规定第七条规定的职责，有下列情形之一的，应当追究责任：

（一）对党风廉政建设工作领导不力，以致职责范围内明令禁止的不正之风得不到有效治理，造成不良影响的；

（二）对上级领导机关交办的党风廉政建设责任范围内的事项不传达贯彻、不安排部署、不督促落实，或者拒不办理的；

（三）对本地区、本部门、本系统发现的严重违纪违法行为隐瞒不报、压案不查的；

（四）疏于监督管理，致使领导班子成员或者直接管辖的下属发生严重违纪违法问题的；

（五）违反规定选拔任用干部，或者用人失察、失误造成恶劣影响的；

（六）放任、包庇、纵容下属人员违反财政、金融、税务、审计、统计等法律法规，弄虚作假的；

（七）有其他违反党风廉政建设责任制行为的。

第二十条 领导班子有本规定第十九条所列情形，情节较轻的，责令作出书面检查；情节较重的，给予通报批评；情节严重的，进行调整处理。

第二十一条　领导干部有本规定第十九条所列情形，情节较轻的，给予批评教育、诫勉谈话、责令作出书面检查；情节较重的，给予通报批评；情节严重的，给予党纪政纪处分，或者给予调整职务、责令辞职、免职和降职等组织处理。涉嫌犯罪的，移送司法机关依法处理。

以上责任追究方式可以单独使用，也可以合并使用。

第二十二条　领导班子、领导干部具有本规定第十九条所列情形，并具有下列情节之一的，应当从重追究责任：

（一）对职责范围内发生的问题进行掩盖、袒护的；

（二）干扰、阻碍责任追究调查处理的。

第二十三条　领导班子、领导干部具有本规定第十九条所列情形，并具有下列情节之一的，可以从轻或者减轻追究责任：

（一）对职责范围内发生的问题及时如实报告并主动查处和纠正，有效避免损失或者挽回影响的；

（二）认真整改，成效明显的。

第二十四条　领导班子、领导干部违反本规定，需要查明事实、追究责任的，由有关机关或者部门按照职责和权限调查处理。其中需要追究党纪政纪责任的，由纪检监察机关按照党纪政纪案件的调查处理程序办理；需要给予组织处理的，由组织人事部门或者由负责调查的纪检监察机关会同组织人事部门，按照有关权限和程序办理。

第二十五条　实施责任追究，要实事求是，分清集体责任和个人责任、主要领导责任和重要领导责任。

追究集体责任时，领导班子主要负责人和直接主管的领导班子成员承担主要领导责任，参与决策的班子其他成员承担重要领导责任。对错误决策提出明确反对意见而没有被采纳的，不承担领导责任。

错误决策由领导干部个人决定或者批准的，追究该领导干部个人的责任。

第二十六条　实施责任追究不因领导干部工作岗位或者职务的变动而免予追究。已退休但按照本规定应当追究责任的，仍须进行相应的责任追究。

第二十七条　受到责任追究的领导班子、领导干部，取消当年年度考核评优和评选各类先进的资格。

单独受到责令辞职、免职处理的领导干部，一年内不得重新担任与其原任职务相当的领导职务；受到降职处理的，两年内不得提升职务。同时受到党纪政纪处分和组织处理的，按影响期较长的执行。

第二十八条　各级纪检监察机关应当加强对下级党委（党组）、政府实施责任追究情况的监督检查，发现有应当追究而未追究或者责任追究处理决定不落实等问题的，应当及时督促下级党委（党组）、政府予以纠正。

第五章　附　则

第二十九条　各省、自治区、直辖市，中央和国家机关各部委可以根据本规定制定实施办法。

第三十条　中央军委可以根据本规定,结合中国人民解放军和中国人民武装警察部队的实际情况,制定具体规定。

第三十一条　本规定由中央纪委、监察部负责解释。

第三十二条　本规定自发布之日起施行。1998年11月发布的《关于实行党风廉政建设责任制的规定》同时废止。

附录五　农村基层干部廉洁履行职责若干规定(试行)

(2011年5月23日)

为进一步加强农村党风廉政建设,促进农村基层干部廉洁履行职责,维护农村集体和农民群众利益,推动农村科学发展,促进农村社会和谐,依据《中国共产党章程》和其他有关党内法规、国家法律法规,制定本规定。

总　则

农村党风廉政建设关系党的执政基础。农村基层干部廉洁履行职责,是坚持以邓小平理论和"三个代表"重要思想为指导,深入贯彻落实科学发展观,全面贯彻落实党的路线方针政策,加快推进社会主义新农村建设的重要保障;是新形势下加强党的执政能力建设和先进性建设,造就高素质农村基层干部队伍的重要内容;是保证农村基层干部正确行使权力,发展基层民主,保障农民权益,促进农村和谐稳定的重要基础;是加强和创新社会管理,做好新形势下群众工作,密切党群干群关系的必然要求。

农村基层干部应当坚定理想信念，牢记和践行全心全意为人民服务的宗旨，恪尽职守、为民奉献；应当发扬党的优良传统和作风，求真务实、艰苦奋斗；应当遵守党的纪律和国家法律，知法守法、依法办事；应当正确履行职责和自觉接受监督，清正廉洁、公道正派；应当倡导健康文明的社会风尚，崇尚科学、移风易俗。

第一章 乡镇领导班子成员和基层站所负责人廉洁履行职责行为规范

第一条 禁止滥用职权，侵害群众合法权益。不准有下列行为：

（一）非法征占、侵占、"以租代征"转用、买卖农村土地和森林、山岭、草原、荒地、滩涂、水面等资源；

（二）违反乡镇土地利用总体规划、村镇建设规划和基本农田保护规定进行审批和建设；

（三）侵占、截留、挪用、挥霍或者违反规定借用农村集体财产或者各项强农惠农资金、物资以及征地补偿费等；

（四）违反规定干预、插手农村村级组织选举或者农村集体资金、资产、资源的使用、分配、承包、租赁以及农村工程建设等事项；

（五）违反规定扣押、收缴群众款物或者处罚群众；

（六）对发现的严重侵害群众合法权益的违纪违法行为隐瞒不报、压案不查；

（七）其他滥用职权，侵害群众合法权益的行为。

第二条 禁止利用职务之便，谋取不正当利益。不准有下列行为：

(一)索取、收受或者以借为名占用管理、服务对象财物,或者吃拿卡要;

(二)在管理、服务活动中违反规定收取费用或者谋取私利;

(三)用公款或者由村级组织、乡镇企业、私营企业报销、支付应当由个人负担的费用;

(四)设立"小金库",侵吞、截留、挪用、坐支公款;

(五)利用职权和职务上的影响为亲属谋取利益;

(六)其他利用职务之便,为本人或者他人谋取不正当利益的行为。

第三条 禁止搞不正之风,损害党群干群关系。不准有下列行为:

(一)违反规定选拔任用干部,或者在乡镇党委和政府换届选举中拉票贿选,败坏选人用人风气;

(二)弄虚作假,骗取荣誉和其他利益;

(三)在社会保障、政策扶持、救灾救济款物分配等事项中违规办事、显失公平;

(四)漠视群众正当诉求,或者对待群众态度恶劣,故意刁难群众;

(五)大吃大喝,公款旅游,或者违反规定配备、使用小汽车;

(六)大操大办婚丧喜庆事宜,或者借机敛财。

第二章 村党组织领导班子成员和村民委员会成员廉洁履行职责行为规范

第四条 禁止在村级组织选举中拉票贿选、破坏选举。不准有下列行为：

（一）违反法定程序组织、参与选举，或者伪造选票、虚报选举票数、篡改选举结果；

（二）采取暴力、威胁、欺骗、贿赂等不正当手段参选或者妨害村民依法行使选举权、被选举权；

（三）利用宗教、宗族、家族势力或者黑恶势力干扰、操纵、破坏选举。

第五条 禁止在村级事务决策中独断专行、以权谋私。不准有下列行为：

（一）违反规定处置集体资金、资产、资源，或者擅自用集体财产为他人提供担保，损害集体利益；

（二）违法违规发包集体土地、调整收回农民承包土地、强迫或者阻碍农民流转土地承包经营权，非法转让、出租集体土地，或者违反规定强制调整农民宅基地；

（三）在政府拨付和接受社会捐赠的各类救灾救助、补贴补助资金、物资以及退耕还林退牧还草款物、征地补偿费使用分配发放等方面违规操作、挪用、侵占，或者弄虚作假、优亲厚友；

（四）在集体资金使用、集体经济项目和工程建设项目立项及承包、宅基地使用安排以及耕地、山林等集体资源承包、租赁、流转等经营活动中暗箱操作，为本人或者他人谋取私利；

（五）违背村民意愿超范围、超标准向村民筹资筹劳，加重村民负担，或者向村民乱集资、乱摊派、乱收费。

第六条 禁止在村级事务管理中滥用职权、损公肥私。不准有下列行为：

（一）采取侵占、截留、挪用、私分、骗取等手段非法占有集体资金、资产、资源或者其他公共财物；

（二）在计划生育、落户、殡葬等各项管理、服务工作中或者受委托从事公务活动时，吃拿卡要、故意刁难群众或者收受、索取财物；

（三）违反规定无据收（付）款，不按审批程序报销发票，或者设立"小金库"，隐瞒、截留、坐支集体收入；

（四）以虚报、冒领等手段套取、骗取或者截留、私分国家对集体土地的补偿、补助费以及各项强农惠农补助资金、项目扶持资金；

（五）未经批准擅自借用集体款物或者经批准借用集体款物但逾期不还，或者违反规定用集体资金、公物操办个人婚丧喜庆事宜；

（六）以办理村务为名，请客送礼、大吃大喝，挥霍浪费集体资金，或者滥发奖金、补贴，用集体资金支付应当由个人负担的费用。

第七条 禁止在村级事务监督中弄虚作假、逃避监督。不准有下列行为：

（一）不按照规定实行民主理财，或者伪造、变造、隐匿、销毁财务会计资料；

（二）阻挠、干扰村民依法行使询问质询权、罢免权等监督权利；

（三）阻挠、干扰经济责任审计以及其他重大事项的审计；

（四）阻挠、干扰有关机关、部门依法进行的监督检查或者案件查处。

第八条 禁止妨害和扰乱社会管理秩序。不准有下列行为：

（一）参与、纵容、支持黑恶势力活动；

（二）组织、参与宗族宗派纷争或者聚众闹事；

（三）参与色情、赌博、吸毒、迷信、邪教等活动或者为其提供便利条件；

（四）违反计划生育政策或者纵容、支持他人违反计划生育政策。

第三章 实施与监督

第九条 各级党委和政府负责本规定的贯彻实施。开展教育培训，完善考评激励，落实待遇保障，加强监督检查，促进农村基层干部自觉贯彻执行本规定。

第十条 各级党委和政府应当结合本规定的贯彻实施建立健全农村基层党务公开、政务公开、村务公开和办事公开制度以及农村基层干部经济责任审计制度，推进农村基层权力运行公开透明。

第十一条 县（市、区、旗）党委和政府每年应当对乡镇领导班子成员执行本规定的情况进行一次检查考核。

县（市、区、旗）有关主管部门每年应当按照干部管理权限对基层站所负责人执行本规定的情况进行一次检查考核。检查考核时应当充分听取基层站所所在地的乡镇党委和政府的意见，并将考核结果通报乡镇党委和政府。

乡镇党委、政府每年应当对村党组织领导班子成员和村民委员会成员执行本规定的情况进行一次检查考核。

第十二条 纪检监察机关协助同级党委和政府或者根据职责开

展对本规定贯彻实施情况的监督检查，依纪依法查处农村基层干部违反本规定的行为。

第十三条　村党组织和村民委员会应当依据本规定完善村规民约，建立廉政承诺制度，健全监督制约机制，保证本规定的贯彻执行。

第十四条　村党组织和村民委员会应当结合贯彻执行本规定健全党组织领导的村级民主自治机制。对村级重大事务实行村党组织提议、村党组织和村民委员会商议、党员大会审议、村民会议或者村民代表会议决议，决议内容和实施结果应当公开。

第十五条　村党组织和村民委员会应当结合贯彻执行本规定建立健全党务公开、村务公开和财务公开制度。

第十六条　村党组织领导班子成员和村民委员会成员应当将贯彻执行本规定的情况作为民主生活会对照检查、年度述职述廉和民主评议的重要内容，接受党员和村民的监督。

第十七条　村务监督委员会或者其他形式的村务监督机构应当依法履行监督职责，对村民委员会成员执行本规定的情况进行监督。

第十八条　村民代表可以对村民委员会成员执行本规定的情况进行询问和质询。

第十九条　农村基层干部遵守本规定的情况应当作为对其奖励惩处、考核评价、选拔任用、考录的重要依据。

第四章　违反规定行为的处理

第二十条　乡镇领导班子成员和基层站所负责人有违反本规定第一章所列行为的，视情节轻重，由有关机关、部门依照职责权限给予诫勉谈话、通报批评、调离岗位、责令辞职、免职、降职等处理。

应当追究党纪政纪责任的,依照《中国共产党纪律处分条例》、《行政机关公务员处分条例》等有关规定给予相应的党纪政纪处分。

乡镇党委和政府领导班子成员因工作失职,应当进行问责的,依照《关于实行党政领导干部问责的暂行规定》处理。

涉嫌犯罪的,移送司法机关依法处理。

第二十一条　村党组织领导班子成员有违反本规定第二章所列行为的,视情节轻重,由有关机关、部门依照职责权限给予警示谈话、责令公开检讨、通报批评、停职检查、责令辞职、免职等处理。

应当追究党纪责任的,依照《中国共产党纪律处分条例》给予相应的党纪处分。

涉嫌犯罪的,移送司法机关依法处理。

第二十二条　村民委员会成员有违反本规定第二章所列行为的,视情节轻重,由有关机关、部门依照职责权限给予警示谈话、责令公开检讨、通报批评、取消当选资格等处理或者责令其辞职,拒不辞职的,依照《中华人民共和国村民委员会组织法》的规定予以罢免。

对其中的党员,应当追究党纪责任的,依照《中国共产党纪律处分条例》给予相应的党纪处分。

涉嫌犯罪的,移送司法机关依法处理。

第二十三条　农村基层干部违反本规定获取的不正当经济利益,应当依法予以没收、追缴或者责令退赔;给国家、集体或者村民造成损失的，应当依照有关规定承担赔偿责任。

第二十四条 村党组织领导班子成员和村民委员会成员受到本规定第二十一条、第二十二条处理的，由县（市、区、旗）或者乡镇党委和政府按照规定减发或者扣发绩效补贴（工资）、奖金。

第二十五条 村党组织领导班子成员和村民委员会成员中的党员因违反本规定受到撤销党内职务处分的，或者受到留党察看处分恢复党员权利后，两年内不得担任村党组织领导班子成员；被责令辞职、免职的，一年内不得担任村党组织领导班子成员。

第五章 附 则

第二十六条 本规定适用于乡镇党委和政府领导班子成员、人大主席团负责人、基层站所负责人，村（社区）党组织（含党委、总支、支部）领导班子成员、村（居）民委员会成员。

乡镇其他干部、基层站所其他工作人员，农村集体经济组织中的党组织（含党委、总支、支部）领导班子成员、农村集体经济组织负责人，村民小组负责人，参照执行本规定。

第二十七条 各省、自治区、直辖市党委和政府可以根据本规定，结合实际情况制定具体实施办法，并报中央纪委、监察部备案。

第二十八条 本规定由中央纪委、监察部负责解释。

第二十九条 本规定自发布之日起施行。

附录六 国有企业领导人员廉洁从业若干规定

(2009年7月1日)

第一章 总 则

第一条 为规范国有企业领导人员廉洁从业行为，加强国有企业反腐倡廉建设，维护国家和出资人利益，促进国有企业科学发展，依据国家有关法律法规和党内法规，制定本规定。

第二条 本规定适用于国有独资企业、国有控股企业（含国有独资金融企业和国有控股金融企业）及其分支机构的领导班子成员。

第三条 国有企业领导人员应当遵守国家法律法规和企业规章制度，依法经营、开拓创新、廉洁从业、诚实守信，切实维护国家利益、企业利益和职工合法权益，努力实现国有企业又好又快发展。

第二章 廉洁从业行为规范

第四条 国有企业领导人员应当切实维护国家和出资人利益。不得有滥用职权、损害国有资产权益的下列行为：

（一）违反决策原则和程序决定企业生产经营的重大决策、重要人事任免、重大项目安排及大额度资金运作事项；

（二）违反规定办理企业改制、兼并、重组、破产、资产评估、产权交易等事项；

（三）违反规定投资、融资、担保、拆借资金、委托理财、为他人代开信用证、购销商品和服务、招标投标等；

（四）未经批准或者经批准后未办理保全国有资产的法律手续，以个人或者其他名义用企业资产在国（境）外注册公司、投资入股、购买金融产品、购置不动产或者进行其他经营活动；

（五）授意、指使、强令财会人员进行违反国家财经纪律、企业财务制度的活动；

（六）未经履行国有资产出资人职责的机构和人事主管部门批准，决定本级领导人员的薪酬和住房补贴等福利待遇；

（七）未经企业领导班子集体研究，决定捐赠、赞助事项，或者虽经企业领导班子集体研究但未经履行国有资产出资人职责的机构批准，决定大额捐赠、赞助事项；

（八）其他滥用职权、损害国有资产权益的行为。

第五条　国有企业领导人员应当忠实履行职责。不得有利用职权谋取私利以及损害本企业利益的下列行为：

（一）个人从事营利性经营活动和有偿中介活动，或者在本企业的同类经营企业、关联企业和与本企业有业务关系的企业投资入股；

（二）在职或者离职后接受、索取本企业的关联企业、与本企业有业务关系的企业，以及管理和服务对象提供的物质性利益；

（三）以明显低于市场的价格向请托人购买或者以明显高于市场的价格向请托人出售房屋、汽车等物品，以及以其他交易形式非法收受请托人财物；

（四）委托他人投资证券、期货或者以其他委托理财名义，未实际出资而获取收益，或者虽然实际出资，但获取收益明显高于出资应得收益；

（五）利用企业上市或者上市公司并购、重组、定向增发等过程中的内幕消息、商业秘密以及企业的知识产权、业务渠道等无形资产或者资源，为本人或者配偶、子女及其他特定关系人谋取利益；

（六）未经批准兼任本企业所出资企业或者其他企业、事业单位、社会团体、中介机构的领导职务，或者经批准兼职的，擅自领取薪酬及其他收入；

（七）将企业经济往来中的折扣费、中介费、佣金、礼金，以及因企业行为受到有关部门和单位奖励的财物等据为己有或者私分；

（八）其他利用职权谋取私利以及损害本企业利益的行为。

第六条　国有企业领导人员应当正确行使经营管理权，防止可能侵害公共利益、企业利益行为的发生。不得有下列行为：

（一）本人的配偶、子女及其他特定关系人，在本企业的关联企业、与本企业有业务关系的企业投资入股；

（二）将国有资产委托、租赁、承包给配偶、子女及其他特定关系人经营；

（三）利用职权为配偶、子女及其他特定关系人从事营利性经营活动提供便利条件；

（四）利用职权相互为对方及其配偶、子女和其他特定关系人从事营利性经营活动提供便利条件；

（五）本人的配偶、子女及其他特定关系人投资或者经营的企业与本企业或者有出资关系的企业发生可能侵害公共利益、企业利益的经济业务往来；

（六）按照规定应当实行任职回避和公务回避而没有回避；

（七）离职或者退休后三年内，在与原任职企业有业务关系的私营企业、外资企业和中介机构担任职务、投资入股，或者在上述企业或者机构从事、代理与原任职企业经营业务相关的经营活动；

（八）其他可能侵害公共利益、企业利益的行为。

第七条　国有企业领导人员应当勤俭节约，依据有关规定进行职务消费。不得有下列行为：

（一）超出报履行国有资产出资人职责的机构备案的预算进行职务消费；

（二）将履行工作职责以外的费用列入职务消费；

（三）在特定关系人经营的场所进行职务消费；

（四）不按照规定公开职务消费情况；

（五）用公款旅游或者变相旅游；

（六）在企业发生非政策性亏损或者拖欠职工工资期间，购买或者更换小汽车、公务包机、装修办公室、添置高档办公设备等；

（七）使用信用卡、签单等形式进行职务消费，不提供原始凭证和相应的情况说明；

（八）其他违反规定的职务消费以及奢侈浪费行为。

第八条　国有企业领导人员应当加强作风建设，注重自身修养，增强社会责任意识，树立良好的公众形象。不得有下列行为：

（一）弄虚作假，骗取荣誉、职务、职称、待遇或者其他利益；

（二）大办婚丧喜庆事宜，造成不良影响，或者借机敛财；

（三）默许、纵容配偶、子女和身边工作人员利用本人的职权和地位从事可能造成不良影响的活动；

（四）用公款支付与公务无关的娱乐活动费用；

（五）在有正常办公和居住场所的情况下用公款长期包租宾馆；

（六）漠视职工正当要求，侵害职工合法权益；

（七）从事有悖社会公德的活动。

第三章　实施与监督

第九条　国有企业应当依据本规定制定规章制度或者将本规定的要求纳入公司章程，建立健全监督制约机制，保证本规定的贯彻执行。

国有企业党委（党组）书记、董事长、总经理为本企业实施本规定的主要责任人。

第十条　国有企业领导人员应当将贯彻落实本规定的情况作为民主生活会对照检查、年度述职述廉和职工代表大会民主评议的重要内容，接受监督和民主评议。

第十一条　国有企业应当明确决策原则和程序，在规定期限内将生产经营的重大决策、重要人事任免、重大项目安排及大额度资金运作事项的决策情况报告履行国有资产出资人职责的机构，将涉及职工切身利益的事项向职工代表大会报告。

需经职工代表大会讨论通过的事项，应当经职工代表大会讨论通过后实施。

第十二条　国有企业应当完善以职工代表大会为基本形式的企业民主管理制度，实行厂务公开制度，并报履行国有资产出资人职责的机构备案。

第十三条　国有企业应当按照有关规定建立健全职务消费制度，

报履行国有资产出资人职责的机构备案，并将职务消费情况作为厂务公开的内容向职工公开。

第十四条　国有企业领导人员应当按年度向履行国有资产出资人职责的机构报告兼职、投资入股、国（境）外存款和购置不动产情况，配偶、子女从业和出国（境）定居及有关情况，以及本人认为应当报告的其他事项，并以适当方式在一定范围内公开。

第十五条　国有企业应当结合本规定建立领导人员从业承诺制度，规范领导人员从业行为以及离职和退休后的相关行为。

第十六条　履行国有资产出资人职责的机构和人事主管部门应当结合实际，完善国有企业领导人员的薪酬管理制度，规范和完善激励和约束机制。

第十七条　纪检监察机关、组织人事部门和履行国有资产出资人职责的机构，应当对国有企业领导人员进行经常性的教育和监督。

第十八条　履行国有资产出资人职责的机构和审计部门应当依法开展各项审计监督，严格执行国有企业领导人员任期和离任经济责任审计制度，建立健全纪检监察和审计监督工作的协调运行机制。

第十九条　各级纪检监察机关、组织人事部门和履行国有资产出资人职责机构的纪检监察机构，应当对所管辖的国有企业领导人员执行本规定的情况进行监督检查。

国有企业的纪检监察机构应当结合年度考核，每年对所管辖的国有企业领导人员执行本规定的情况进行监督检查，并作出评估，向企业党组织和上级纪检监察机构报告。

对违反本规定行为的检举和控告，有关机构应当及时受理，并作出处理决定或者提出处理建议。

对违反本规定行为的检举和控告符合函询条件的,应当按规定进行函询。

对检举、控告违反本规定行为的职工进行打击报复的,应当追究相关责任人的责任。

第二十条 各级组织人事部门和履行国有资产出资人职责的机构,应当将廉洁从业情况作为对国有企业领导人员考察、考核的重要内容和任免的重要依据。

第二十一条 国有企业的监事会应当依照有关规定加强对国有企业领导人员廉洁从业情况的监督。

按照本规定第十一条至第十四条向履行国有资产出资人职责的机构报告、备案的事项,应当同时抄报本企业监事会。

第四章 违反规定行为的处理

第二十二条 国有企业领导人员违反本规定第二章所列行为规范的,视情节轻重,由有关机构按照管理权限分别给予警示谈话、调离岗位、降职、免职处理。

应当追究纪律责任的,除适用前款规定外,视情节轻重,依照国家有关法律法规给予相应的处分。

对于其中的共产党员,视情节轻重,依照《中国共产党纪律处分条例》给予相应的党纪处分。

涉嫌犯罪的,依法移送司法机关处理。

第二十三条 国有企业领导人员受到警示谈话、调离岗位、降职、免职处理的,应当减发或者全部扣发当年的绩效薪金、奖金。

第二十四条　国有企业领导人员违反本规定获取的不正当经济利益，应当责令清退；给国有企业造成经济损失的，应当依据国家或者企业的有关规定承担经济赔偿责任。

第二十五条　国有企业领导人员违反本规定受到降职处理的，两年内不得担任与其原任职务相当或者高于其原任职务的职务。

受到免职处理的，两年内不得担任国有企业的领导职务；因违反国家法律，造成国有资产重大损失被免职的，五年内不得担任国有企业的领导职务。

构成犯罪被判处刑罚的，终身不得担任国有企业的领导职务。

第五章　附　则

第二十六条　国有企业领导班子成员以外的对国有资产负有经营管理责任的其他人员、国有企业所属事业单位的领导人员参照本规定执行。

国有参股企业（含国有参股金融企业）中对国有资产负有经营管理责任的人员参照本规定执行。

第二十七条　本规定所称履行国有资产出资人职责的机构，包括作为国有资产出资人代表的各级国有资产监督管理机构、尚未实行政资分开代行出资人职责的政府主管部门和其他机构以及授权经营的母公司。

本规定所称特定关系人，是指与国有企业领导人员有近亲属以及其他共同利益关系的人。

第二十八条　国务院国资委，各省、自治区、直辖市，可以根据本规定制定实施办法，并报中央纪委、监察部备案。

中国银监会、中国证监会、中国保监会，中央管理的国有独资金融企业和国有控股金融企业，可以结合金融行业的实际，制定本规定的补充规定，并报中央纪委、监察部备案。

第二十九条　本规定由中央纪委商中央组织部、监察部解释。

第三十条　本规定自发布之日起施行。2004年发布的《国有企业领导人员廉洁从业若干规定（试行）》同时废止。

现行的其他有关规定，凡与本规定不一致的，依照本规定执行。

附录七　关于领导干部报告个人有关事项的规定

（2010年5月26日）

第一条　为加强对领导干部的管理和监督，促进领导干部廉洁从政，根据《中国共产党章程》、党内有关规定和国家有关法律法规，制定本规定。

第二条　本规定所称领导干部包括：

（一）各级党的机关、人大机关、行政机关、政协机关、审判机关、检察机关、民主党派机关中县处级副职以上（含县处级副职，下同）的干部；

（二）人民团体、事业单位中相当于县处级副职以上的干部；

（三）大型、特大型国有独资企业、国有控股企业（含国有独资金融企业和国有控股金融企业）的中层以上领导人员和中型国有独资企业、国有控股企业（含国有独资金融企业和国有控股金融企业）的领导班子成员。

副调研员以上非领导职务的干部和已退出现职、但尚未办理退（离）休手续的干部报告个人有关事项，适用本规定。

第三条 领导干部应当报告下列本人婚姻变化和配偶、子女移居国（境）外、从业等事项：

（一）本人的婚姻变化情况；

（二）本人持有因私出国（境）证件的情况；

（三）本人因私出国（境）的情况；

（四）子女与外国人、无国籍人通婚的情况；

（五）子女与港澳以及台湾居民通婚的情况；

（六）配偶、子女移居国（境）外的情况；

（七）配偶、子女从业情况，包括配偶、子女在国（境）外从业的情况和职务情况；

（八）配偶、子女被司法机关追究刑事责任的情况。

第四条 领导干部应当报告下列收入、房产、投资等事项：

（一）本人的工资及各类奖金、津贴、补贴；

（二）本人从事讲学、写作、咨询、审稿、书画等劳务所得；

（三）本人、配偶、共同生活的子女的房产情况；

（四）本人、配偶、共同生活的子女投资或者以其他方式持有有价证券、股票（包括股权激励）、期货、基金、投资型保险以及其他金融理财产品的情况；

（五）配偶、共同生活的子女投资非上市公司、企业的情况；

（六）配偶、共同生活的子女注册个体工商户、个人独资企业或者合伙企业的情况。

第五条　领导干部应当于每年1月31日前集中报告一次上一年度本规定第三条、第四条所列事项。

第六条　领导干部发生本规定第三条所列事项的，应当在事后30天内填写《领导干部个人有关事项报告表（一）》，并按照规定报告。因特殊原因不能按时报告的，特殊原因消除后应当及时补报，并说明原因。

第七条　新任领导干部应当在符合报告条件后30日内按照本规定报告个人有关事项。

领导干部辞去公职的，在提出辞职申请时，应当一并报告个人有关事项。

第八条　领导干部报告个人有关事项，按照干部管理权限由相应的组织（人事）部门负责受理：

（一）中央管理的领导干部向中共中央组织部报告，报告材料由该领导干部所在单位主要负责人审签后，交所在党委（党组）的组织（人事）部门转交。

（二）属于本单位管理的领导干部，向本单位的组织（人事）部门报告；不属于本单位管理的领导干部，向上一级党委（党组）的组织（人事）部门报告，报告材料由该领导干部所在单位主要负责人审签后，交所在党委（党组）的组织（人事）部门转交。

领导干部因发生职务变动而导致受理机构发生变化的，原受理机构应当及时将该领导干部的报告材料按照干部管理权限转交新的受理机构。

第九条　领导干部在执行本规定过程中，认为有需要请示的事项，可以向受理报告的组织（人事）部门请示。

请示事项属于具体执行中的问题，受理报告的组织（人事）部门应当认真研究，及时答复报告人；属于本规定的解释问题，受理报告的组织（人事）部门应当按照规定向中共中央纪律检查委员会、中共中央组织部、监察部请示，并按照中共中央纪律检查委员会、中共中央组织部、监察部的意见答复报告人。报告人应当按照组织答复意见办理。

第十条　报告人未按时报告的，有关组织（人事）部门应当督促其报告。

第十一条　组织（人事）部门、纪检监察机关（机构）根据工作需要，可以对报告情况进行汇总综合，对存在的普遍问题进行专项治理。

第十二条　组织（人事）部门在干部监督工作和干部选拔任用工作中，按照干部管理权限，经本机关、本单位主要负责人批准，可以查阅有关领导干部报告个人有关事项的材料。

纪检监察机关（机构）在履行职责时，按照干部管理权限，经本机关主要负责人批准，可以查阅有关领导干部报告个人有关事项的材料。

检察机关在查办职务犯罪案件时，经本机关、本单位主要负责人批准，可以查阅案件涉及的领导干部报告个人有关事项的材料。

第十三条　纪检监察机关（机构）、组织（人事）部门接到有关举报，或者在干部考核考察、巡视等工作中群众对领导干部涉及个人有关事项的问题反映突出的,按照干部管理权限,经纪检监察机关(机构)、组织(人事)部门主要负责人批准,可以对有关领导干部报告个人有关事项的材料进行调查核实。

第十四条　受理报告的组织(人事)部门对报告人的报告材料,应当设专人妥善保管。

第十五条　纪检监察机关(机构)和组织(人事)部门要加强对本规定执行情况的监督检查。

第十六条　领导干部应当按照本规定如实报告个人有关事项,自觉接受监督。

第十七条　领导干部有下列情形之一的,根据情节轻重,给予批评教育、限期改正、责令作出检查、诫勉谈话、通报批评或者调整工作岗位、免职等处理;构成违纪的,依照有关规定给予纪律处分:

(一)无正当理由不按时报告的;

(二)不如实报告的;

(三)隐瞒不报的;

(四)不按照组织答复意见办理的。

不按照规定报告个人有关事项,同时该事项构成另一违纪行为的,依照有关规定进行合并处理。

第十八条　本规定第三条第(六)项所称"移居国(境)外",是指领导干部的配偶、子女获得外国国籍,或者获得国(境)外永久居留权、长期居留许可。

本规定第四条所称"共同生活的子女",是指领导干部的未成年子女和由其抚养的不能独立生活的成年子女。

本规定第四条第（三）项所称"房产"，是指领导干部本人、配偶、共同生活的子女为所有权人或者共有人的房屋。

第十九条　中共中央纪律检查委员会、中共中央组织部、监察部可以结合工作实际，制定实施细则。

第二十条　中央军委可以根据本规定，结合中国人民解放军和中国人民武装警察部队的实际，制定有关规定。

第二十一条　各省、自治区、直辖市党委和政府，需要扩大报告主体范围或者细化执行程序的，可以根据本规定，结合各自工作实际，制定具体实施办法，报中共中央纪律检查委员会、中共中央组织部、监察部备案。

第二十二条　本规定由中共中央纪律检查委员会、中共中央组织部、监察部负责解释。

第二十三条　本规定自发布之日起施行。1995年发布的《关于党政机关县（处）级以上领导干部收入申报的规定》、2006年发布的《关于党员领导干部报告个人有关事项的规定》同时废止。

后 记

不知道何时起,读者在看新书或购书时,喜欢翻到前言或后记,试图从中了解一些与书本有关的信息,由此决定是否购买。因此,在书本的后记中,出现了求学经历者、对生活不屈服者、致谢四方亲朋者、展示文言文功底者、故弄玄虚者,等等。后记如大观园,阅尽人间冷暖,感知世间繁华。

过往华章,皆为序曲。因之,本书的后记于笔者,却着实为难。然作为成书之必备要件,集个人之感悟,聚伦理之要义,笔者写下后记。

一

侯门似海,却趋之者众,为何?因人而异。以笔者的个人观察与经历来看,公共行政是代表公共利益的个体公职人员,其以合法合理的名义行使法律赋予其的权力,并享受权力可能带来的利益。作为公共利益的"守夜人",公职人员公德之高低,决定了其权力范围内对公共利益的维护程度;其私德之高低,影响着权力所触及的个人利益与公共利益的平衡。由此可知,行政伦理对公权力及行使权力之人是何等重要。一个国家，从整体上看是公共利益的集合体，据此推及基层政府。因此，每一部分公共利益集合体均有其自身的利益诉求，这种诉求同样可视为一种公共伦理。于是，国家公共利益与地方公共利益、地方公共利益之间的调和与冲突，国家行政伦理与地方行政伦理、地方行政伦理之间的调和与冲突，就成为不愿承认但又现实存在的奇观。"不为牧者，便为羊群。"只有成为公共行政集合体（无论是国家层面还是地方层面）的一分子，才最可能成为牧者。基于人性之必然，成为牧者，掌控公共行政范围内的公权力，便是许多人的追求。"牧羊人是人，不是神。"因此，公职人员的伦理道德建设尤为重要。诚实的公职人员进入体制的初衷，虽然有谋求安稳的考量，但更是出于人性的考量。在其一亩三分地里，公职人员的话语权较大。正如有人说，科级干部的错误需要厅级干部来纠正，处级干部的失职需要部级干部来追责。试想，纠错成本如此之高，程序如此之繁琐，推及普通百姓，如何能承受如此之重？唯有将行政伦理法制化，才能让普通民众在每一起公共行政事务中感受到法律的正义。

二

为官一任、造福一方。党的十八大以来的反腐现状表明，吏治任重而道远。为惩治腐败，中共中央采取了一系列有效举措实行打防并举，取得了有目共睹的成就。不可否认的是，官场秀仍然存在，究其原因，几千年的官场文化熏陶已成为行政基因。尽管国家出手多次，但仍然阻挡不了个别为政者的疯狂。要剔除传统官场行政基因，绝不能毕其功于一役。欣慰的是，党和国家领导人以抓铁留痕的钢铁意志,以壮士断腕的勇气进行刮骨疗毒,打老虎、拍苍蝇,虽未净,但也清。于是,"为官成为一种高危职业"的声音响起。但是,为官不是一种职业,而是从政者的一份事业,要一代一代赓续实干,以钉钉子的精神把国家事业做得兴旺发达,实现中华民族的伟大复兴梦。要清除职业病思维,树立事业心观念,必须剔除传统官场行政基因,重建官场密码。当我们将目光转向世界各国的吏治之经验时,发现现代行政伦理制度化是各国官场更迭而不动荡、官员升迁而公职人员不受影响的核心要素。因此,国家需要现代行政伦理制度化来根除传统行政的不良基因,实现国家在官场治理领域的深刻变革。

三

朗朗乾坤,正气长存;人间灰暗,网络难容。公民与政府之间的信任博弈事件却仍时有发生。为何政府的公信力屡次受到质疑?关键是基层政府没有最基本的行政伦理。统一的政府执政理念、统一的政府文化,很难确保其他地方政府不会做出出格的事情。海明威说过:所有人是一个整体,别人的不幸就是你的不幸。社会是一艘大船,所有人都在同一艘船上,当船上有一个人遭遇不幸的时候,这个人就可能是全船人的威胁。由是观之,实现对政府及其公职人员行政伦理的法制化是何等迫切和重要!

四

位置决定思想,事实并非如此。放眼天下,处江湖之远而忧君者大有人在。现实中有很多人的思维没有与职位放在一起,而是用意念转移到臆想的高度。然而,不容忽视的事实是,真正需要和有能力考虑国家或地方大局的人才也不过数百人，其他10多亿人还是生活在柴米油盐中。当服务对象出现问题时，公职人员的伦理道德是解决问题的关键。然而，普通百姓的思维与公职人员的思维不在同一层面，前者需要从整体的全局出发客观作出决策，后者通常站在局部的自我立场作出主观评价。如此一来，同一件事情在百姓眼中和公职人员眼中便有着不同的解决方案。因此，也就会出现分歧。要理解这一点，需要从传统文化中来看。百姓与官员都是自然人，但是当职务加身后，传统的官场文化开始发挥作用，一个原本纯粹的人，在未得到公职之前，可能会坚守为人之道，但在得到了公职之后，其很大程度上会遵循为官之道，在公共利益与个人利益之间谋求平衡。官德与公德并非完全重合，有人曾说过，当下道德如同金字塔，官德位于塔尖，公德位于塔底。笔者虽不能完全认同，但的确认为官德与公德是不一致的。"德"是一个评判标准，不同时代有不同的标准，恰如普罗米修斯的面孔。先贤论德，大多空泛，无论证、无实例，仅凭想象。但其却于实际生活中有指导性，维系了中华几千年的朴素情怀。行政伦理法制化是将德提升至法的高度，将官德进行规范化或者说是扎进制度的笼子，使其尽量与公德重叠更多，从而推动国家和社会的进步，实乃民之大幸、国家之大幸。

五

本书初稿成于笔者就读博士期间，至今已有12年。在此期间笔者数次动笔想完善，皆因各种原因未能成文。现因工作原因，不得不重润旧作，将其完善并拟出版。在这一过程中，有不少领导、老师、朋友和同事给予了帮助，如北京大学法学院博士生导师姜明安

>>> 后记

教授当年给予了笔者学术上的支持；湖南省高级人民法院副院长杨翔教授给予了笔者不少指导；中央党校法学部博士生导师韩春晖教授提出过中肯的意见；宜春学院政法学院聂火云书记给予了宝贵支持，政法学院刘天杰院长给予了工作上的大力支持，政法学院陈淑文老师在文字方面帮助笔者进行了修订和增补，政法学院贺冬博士在认真阅读后提供了有价值的参考建议，等等。对各位领导和同事们的无私帮助，笔者在此表示衷心的感谢！

特别需要感谢的是笔者的亲人们！笔者的父亲当年最喜欢看笔者写的文章，只要是笔者写的东西，不管其是否出版或发表，他老人家都如同宝贝一般拿着，边看边读，并作点评。那神情，如品一杯茗茶，清润甘甜；那笑容，如中一张彩票，开怀不已。只是家父仙逝，音容犹在，却未能如当年看儿子的文章了！念及此，泪如泉涌，悲自心来！

笔者的母亲是一位非常仁爱的普通女性，她总是鼓励我们要努力学习，积极进取，报效国家。在笔者的文章写出来后，她老人家虽然识字不多，但也会慢慢地看，以前是父亲读给她听，现在父亲不在了，她就自己认真看，不知她老人家能否读懂，但那神情，像极了父亲当年阅读的样子，不知母亲是否在边读边思念父亲？或许母亲阅读笔者的文章只是一种形式，更多的是融入了对父亲的一种相濡以沫的感情。

笔者的哥姐虽然不善言语，却无时不在关注笔者的成长，不管笔者学习如何、工作如何，他们始终给予笔者最大的信任和支持，始终相信他们的弟弟是最优秀的。正因如此，笔者一直不敢松懈，一直在努力。在兄弟姊妹眼中，只要实现自我的目标，那就是成功。我们始终乐在其中，并不在乎世俗的眼光。

笔者的妻子和孩子，是笔者今生最大的骄傲。作为文化人，其实真的没有什么特别的地方，除了会写点文章，读点书之外，家庭生活中更多是爱人的关心和照顾，孩子是我们生活中的动力，也是我们未来的希望。有他们陪伴，笔者无论是写作还是思考，幸福感油然而生，工作或生活中的压力随之飘走。

无论何时何地，亲人们的支持是笔者的原动力，是笔者持之以恒的源泉。在相依为命的岁月里，有我们互助的回忆，相伴一生中将留下终生难忘的亲情！

邓晔
壬寅年农历正月初十
于"无为陋室"